贝克通识文库

李雪涛　主编

什么是智力？

[德] 约阿希姆·丰克
[德] 比安卡·法特罗特 著

齐冬冬 译

北京出版集团
北京出版社

著作权合同登记号：图字 01-2021-7330

WAS IST INTELLIGENZ? by Joachim Funke/Bianca Vaterrodt, 3rd ed. 2009 © Verlag C.H.Beck oHG, München 2009

图书在版编目（CIP）数据

什么是智力？/（德）约阿希姆·丰克，（德）比安卡·法特罗特著；齐冬冬译. — 北京：北京出版社，2024.8
 ISBN 978-7-200-17326-0

Ⅰ.①什… Ⅱ.①约… ②比… ③齐… Ⅲ.①智力学—研究 Ⅳ.①B848.5

中国版本图书馆 CIP 数据核字（2022）第 134403 号

总 策 划：高立志 王忠波	选题策划：王忠波
责任编辑：邓雪梅	责任营销：猫 娘
责任印制：燕雨萌	装帧设计：吉 辰

什么是智力？
SHENME SHI ZHILI ?

[德]约阿希姆·丰克　　[德]比安卡·法特罗特　著
齐冬冬　译

出　　版	北京出版集团
	北京出版社
地　　址	北京北三环中路 6 号
邮　　编	100120
网　　址	www.bph.com.cn
发　　行	北京伦洋图书出版有限公司
印　　刷	北京汇瑞嘉合文化发展有限公司
经　　销	新华书店
开　　本	880 毫米 ×1230 毫米　1/32
印　　张	6.125
字　　数	121 千字
版　　次	2024 年 8 月第 1 版
印　　次	2024 年 8 月第 1 次印刷
书　　号	ISBN 978-7-200-17326-0
定　　价	49.00 元

如有印装质量问题，由本社负责调换
质量监督电话　010-58572393

接续启蒙运动的知识传统
——"贝克通识文库"中文版序

一

我们今天与知识的关系，实际上深植于17—18世纪的启蒙时代。伊曼努尔·康德（Immanuel Kant，1724—1804）于1784年为普通读者写过一篇著名的文章《对这个问题的答复：什么是启蒙?》（*Beantwortung der Frage: Was ist Aufklärung?*），解释了他之所以赋予这个时代以"启蒙"（Aufklärung）的含义：启蒙运动就是人类走出他的未成年状态。不是因为缺乏智力，而是缺乏离开别人的引导去使用智力的决心和勇气！他借用了古典拉丁文学黄金时代的诗人贺拉斯（Horatius，前65—前8）的一句话：Sapere aude！呼吁人们要敢于去认识，要有勇气运用自己的智力。[1]启蒙运动者相信由理性发展而来的知识可

---

[1] Cf. Immanuel Kant, *Beantwortung der Frage: Was ist Aufklärung? In: Berlinische Monatsschrift*, Bd. 4, 1784, Zwölftes Stück, S. 481—494. Hier S. 481. 中文译文另有：(1)"答复这个问题：'什么是启蒙运动?'"见康德著，何兆武译：《历史理性批判文集》，商务印书馆1990年版（2020年第11次印刷本，上面有2004年写的"再版译序"），第23—32页。(2)"回答这个问题：什么是启蒙?"见康德著，李秋零主编：《康德著作全集》（第8卷·1781年之后的论文），中国人民大学出版社2013年版，第39—46页。

以解决人类存在的基本问题，人类历史从此开启了在知识上的启蒙，并进入了现代的发展历程。

启蒙思想家们认为，从理性发展而来的科学和艺术的知识，可以改进人类的生活。文艺复兴以来的人文主义、新教改革、新的宇宙观以及科学的方法，也使得17世纪的思想家相信建立在理性基础之上的普遍原则，从而产生了包含自由与平等概念的世界观。以理性、推理和实验为主的方法不仅在科学和数学领域取得了令人瞩目的成就，也催生了在宇宙论、哲学和神学上运用各种逻辑归纳法和演绎法产生出的新理论。约翰·洛克（John Locke, 1632—1704）奠定了现代科学认识论的基础，认为经验以及对经验的反省乃是知识进步的来源；伏尔泰（Voltaire, 1694—1778）发展了自然神论，主张宗教宽容，提倡尊重人权；康德则在笛卡尔理性主义和培根的经验主义基础之上，将理性哲学区分为纯粹理性与实践理性。至18世纪后期，以德尼·狄德罗（Denis Diderot, 1713—1784）、让-雅克·卢梭（Jean-Jacques Rousseau, 1712—1778）等人为代表的百科全书派的哲学家，开始致力于编纂《百科全书》（*Encyclopédie*）——人类历史上第一部致力于科学、艺术的现代意义上的综合性百科全书，其条目并非只是"客观"地介绍各种知识，而是在介绍知识的同时，夹叙夹议，议论时政，这些特征正体现了启蒙时代的现代性思维。第一卷开始时有一幅人类知识领域的示意图，这也是第一次从现代科学意义上对所有人类知识进行分类。

实际上，今天的知识体系在很大程度上可以追溯到启蒙时代以实证的方式对以往理性知识的系统性整理，而其中最重要的突破包括：卡尔·冯·林奈（Carl von Linné，1707—1778）的动植物分类及命名系统、安托万·洛朗·拉瓦锡（Antoine-Laurent Lavoisier，1743—1794）的化学系统以及测量系统。[1] 这些现代科学的分类方法、新发现以及度量方式对其他领域也产生了决定性的影响，并发展出一直延续到今天的各种现代方法，同时为后来的民主化和工业化打下了基础。启蒙运动在18世纪影响了哲学和社会生活的各个知识领域，在哲学、科学、政治、以现代印刷术为主的传媒、医学、伦理学、政治经济学、历史学等领域都有新的突破。如果我们看一下19世纪人类在各个方面的发展的话，知识分类、工业化、科技、医学等，也都与启蒙时代的知识建构相关。[2]

由于启蒙思想家们的理想是建立一个以理性为基础的社会，提出以政治自由对抗专制暴君，以信仰自由对抗宗教压迫，以天赋人权来反对君权神授，以法律面前人人平等来反对贵族的等级特权，因此他们采用各民族国家的口语而非书面的拉丁语进行沟通，形成了以现代欧洲语言为主的知识圈，并创

---

[1] Daniel R. Headrick, *When Information Came of Age: Technologies of Knowledge in the Age of Reason and Revolution, 1700-1850.* Oxford University Press, 2000, p. 246.

[2] Cf. Jürgen Osterhammel, *Die Verwandlung der Welt: Eine Geschichte des 19. Jahrhunderts.* München: Beck, 2009.

造了一个空前的多语欧洲印刷市场。[1]后来《百科全书》开始发行更便宜的版本，除了知识精英之外，普通人也能够获得。历史学家估计，在法国大革命前，就有两万多册《百科全书》在法国及欧洲其他地区流传，它们成为向大众群体进行启蒙及科学教育的媒介。[2]

从知识论上来讲，17世纪以来科学革命的结果使得新的知识体系逐渐取代了传统的亚里士多德的自然哲学以及克劳迪亚斯·盖仑（Claudius Galen，约129—200）的体液学说（Humorism），之前具有相当权威的炼金术和占星术自此失去了权威。到了18世纪，医学已经发展为相对独立的学科，并且逐渐脱离了与基督教的联系："在（当时的）三位外科医生中，就有两位是无神论者。"[3]在地图学方面，库克（James Cook，1728—1779）船长带领船员成为首批登陆澳大利亚东岸和夏威夷群岛的欧洲人，并绘制了有精确经纬度的地图，他以艾萨克·牛顿（Isaac Newton，1643—1727）的宇宙观改变了地理制图工艺及方法，使人们开始以科学而非神话来看待地理。这一时代除了用各式数学投影方法制作的精确地图外，制

---

1 Cf. Jonathan I. Israel, *Radical Enlightenment: Philosophy and the Making of Modernity 1650-1750.* Oxford University Press, 2001, p. 832.

2 Cf. Robert Darnton, *The Business of Enlightenment: A Publishing History of the Encyclopédie, 1775-1800.* Harvard University Press, 1979, p. 6.

3 Ole Peter Grell, Dr. Andrew Cunningham, *Medicine and Religion in Enlightenment Europe.* Ashgate Publishing, Ltd. , 2007, p. 111.

图学也被应用到了天文学方面。

正是借助于包括《百科全书》、公共图书馆、期刊等传播媒介,启蒙知识得到了迅速的传播,同时也塑造了现代学术的形态以及机构的建制。有意思的是,自启蒙时代出现的现代知识从开始阶段就是以多语的形态展现的:以法语为主,包括了荷兰语、英语、德语、意大利语等,它们共同构成了一个跨越国界的知识社群——文人共和国(Respublica Literaria)。

当代人对于知识的认识依然受启蒙运动的很大影响,例如多语种读者可以参与互动的维基百科(Wikipedia)就是从启蒙的理念而来:"我们今天所知的《百科全书》受到18世纪欧洲启蒙运动的强烈影响。维基百科拥有这些根源,其中包括了解和记录世界所有领域的理性动力。"[1]

二

1582年耶稣会传教士利玛窦(Matteo Ricci,1552—1610)来华,标志着明末清初中国第一次规模性地译介西方信仰和科学知识的开始。利玛窦及其修会的其他传教士入华之际,正值欧洲文艺复兴如火如荼进行之时,尽管囿于当时天主教会的意

---

[1] Cf. Phoebe Ayers, Charles Matthews, Ben Yates, *How Wikipedia Works: And How You Can Be a Part of It.* No Starch Press, 2008, p. 35.

识形态，但他们所处的时代与中世纪迥然不同。除了神学知识外，他们译介了天文历算、舆地、水利、火器等原理。利玛窦与徐光启（1562—1633）共同翻译的《几何原本》前六卷有关平面几何的内容，使用的底本是利玛窦在罗马的德国老师克劳（Christopher Klau/Clavius，1538—1612，由于他的德文名字Klau是钉子的意思，故利玛窦称他为"丁先生"）编纂的十五卷本。[1] 克劳是活跃于16—17世纪的天主教耶稣会士，其在数学、天文学等领域建树非凡，并影响了包括伽利略、笛卡尔、莱布尼茨等科学家。曾经跟随伽利略学习过物理学的耶稣会士邓玉函 [Johann(es) Schreck/Terrenz or Terrentius，1576—1630] 在赴中国之前，与当时在欧洲停留的金尼阁（Nicolas Trigault，1577—1628）一道，"收集到不下七百五十七本有关神学的和科学技术的著作；罗马教皇自己也为今天在北京还很著名、当年是耶稣会士图书馆的'北堂'捐助了大部分的书籍"。[2] 其后邓玉函在给伽利略的通信中还不断向其讨教精确计算日食和月食的方法，此外还与中国学者王徵（1571—1644）合作翻译《奇器图说》(1627)，并且在医学方面也取得了相当大的成就。邓玉函曾提出过一项规模很大的有关数学、几何

---

[1] *Euclides Elementorum Libri XV*, Rom 1574.
[2] 蔡特尔著，孙静远译：《邓玉函，一位德国科学家、传教士》，载《国际汉学》，2012年第1期，第38—87页，此处见第50页。

学、水力学、音乐、光学和天文学（1629）的技术翻译计划，[1]由于他的早逝，这一宏大的计划没能得以实现。

在明末清初的一百四十年间，来华的天主教传教士有五百人左右，他们当中有数学家、天文学家、地理学家、内外科医生、音乐家、画家、钟表机械专家、珐琅专家、建筑专家。这一时段由他们译成中文的书籍多达四百余种，涉及的学科有宗教、哲学、心理学、论理学、政治、军事、法律、教育、历史、地理、数学、天文学、测量学、力学、光学、生物学、医学、药学、农学、工艺技术等。[2]这一阶段由耶稣会士主导的有关信仰和科学知识的译介活动，主要涉及中世纪至文艺复兴时期的知识，也包括文艺复兴以后重视经验科学的一些近代科学和技术。

尽管耶稣会的传教士们在17—18世纪的时候已经向中国的知识精英介绍了欧几里得几何学和牛顿物理学的一些基本知识，但直到19世纪50—60年代，才在伦敦会传教士伟烈亚力（Alexander Wylie，1815—1887）和中国数学家李善兰（1811—1882）的共同努力下补译完成了《几何原本》的后九卷；同样是李善兰、傅兰雅（John Fryer，1839—1928）和伟烈亚力将牛

---

[1] 蔡特尔著，孙静远译：《邓玉函，一位德国科学家、传教士》，载《国际汉学》，2012年第1期，第58页。
[2] 张晓编著：《近代汉译西学书目提要：明末至1919》，北京大学出版社2012年版，"导论"第6、7页。

顿的《自然哲学的数学原理》(*Philosophiae Naturalis Principia Mathematica*，1687) 第一编共十四章译成了汉语——《奈端数理》(1858—1860)。[1] 正是在这一时期，新教传教士与中国学者密切合作开展了大规模的翻译项目，将西方大量的教科书——启蒙运动以后重新系统化、通俗化的知识——翻译成了中文。

1862年清政府采纳了时任总理衙门首席大臣奕䜣（1833—1898）的建议，创办了京师同文馆，这是中国近代第一所外语学校。开馆时只有英文馆，后增设了法文、俄文、德文、东文诸馆，其他课程还包括化学、物理、万国公法、医学生理等。1866年，又增设了天文、算学课程。后来清政府又仿照同文馆之例，在与外国人交往较多的上海设立上海广方言馆，广州设立广州同文馆。曾大力倡导"中学为体，西学为用"的洋务派主要代表人物张之洞（1837—1909）认为，作为"用"的西学有西政、西艺和西史三个方面，其中西艺包括算、绘、矿、医、声、光、化、电等自然科学技术。

根据《近代汉译西学书目提要：明末至1919》的统计，从明末到1919年的总书目为五千一百七十九种，如果将四百余种明末到清初的译书排除，那么晚清至1919年之前就有四千七百多种汉译西学著作出版。梁启超（1873—1929）在

---

[1] 1882年，李善兰将译稿交由华蘅芳校订至1897年，译稿后遗失。万兆元、何琼辉：《牛顿〈原理〉在中国的译介与传播》，载《中国科技史杂志》第40卷，2019年第1期，第51—65页，此处见第54页。

1896年刊印的三卷本《西学书目表》中指出："国家欲自强，以多译西书为本；学者欲自立，以多读西书为功。"[1]书中收录鸦片战争后至1896年间的译著三百四十一种，梁启超希望通过《读西学书法》向读者展示西方近代以来的知识体系。

不论是在精神上，还是在知识上，中国近代都没有继承好启蒙时代的遗产。启蒙运动提出要高举理性的旗帜，认为世间的一切都必须在理性法庭面前接受审判，不仅倡导个人要独立思考，也主张社会应当以理性作为判断是非的标准。它涉及宗教信仰、自然科学理论、社会制度、国家体制、道德体系、文化思想、文学艺术作品理论与思想倾向等。从知识论上来讲，从1860年至1919年五四运动爆发，受西方启蒙的各种自然科学知识被系统地介绍到了中国。大致说来，这些是14—18世纪科学革命和启蒙运动时期的社会科学和自然科学的知识。在社会科学方面包括了政治学、语言学、经济学、心理学、社会学、人类学等学科，而在自然科学方面则包含了物理学、化学、地质学、天文学、生物学、医学、遗传学、生态学等学科。按照胡适（1891—1962）的观点，新文化运动和五四运动应当分别来看待：前者重点在白话文、文学革命、西化与反传统，是一场类似文艺复兴的思想与文化的革命，而后者主要是

---

[1] 梁启超：《西学书目表·序例》，收入《饮冰室合集》，中华书局1989年版，第123页。

一场政治革命。根据王锦民的观点,"新文化运动很有文艺复兴那种热情的、进步的色彩;而接下来的启蒙思想的冷静、理性和批判精神,新文化运动中也有,但是发育得不充分,且几乎被前者遮蔽了"。[1]五四运动以来,中国接受了尼采等人的学说。"在某种意义上说,近代欧洲启蒙运动的思想成果,理性、自由、平等、人权、民主和法制,正是后来的'新'思潮力图摧毁的对象"。[2]近代以来,中华民族的确常常遭遇生死存亡的危局,启蒙自然会受到充满革命热情的救亡的排挤,而需要以冷静的理性态度来对待的普遍知识,以及个人的独立人格和自由不再有人予以关注。因此,近代以来我们并没有接受一个正常的、完整的启蒙思想,我们一直以来所拥有的仅仅是一个"半启蒙状态"。今天我们重又生活在一个思想转型和社会巨变的历史时期,迫切需要全面地引进和接受一百多年来的现代知识,并在思想观念上予以重新认识。

1919年新文化运动的时候,我们还区分不了文艺复兴和启蒙时代的思想,但日本的情况则完全不同。日本近代以来对"南蛮文化"的摄取,基本上是欧洲中世纪至文艺复兴时期的"西学",而从明治维新以来对欧美文化的摄取,则是启蒙

---

[1] 王锦民:《新文化运动百年随想录》,见李雪涛等编《合璧西中——庆祝顾彬教授七十寿辰文集》,外语教学与研究出版社2016年版,第282—295页,此处见第291页。
[2] 同上。

时代以来的西方思想。特别是在第二个阶段，他们做得非常彻底。[1]

三

罗素在《西方哲学史》的"绪论"中写道："一切确切的知识——我是这样主张的——都属于科学，一切涉及超乎确切知识之外的教条都属于神学。但是介乎神学与科学之间还有一片受到双方攻击的无人之域；这片无人之域就是哲学。"[2]康德认为，"只有那些其确定性是无可置疑的科学才能成为本真意义上的科学；那些包含经验确定性的认识（Erkenntnis），只是非本真意义上所谓的知识（Wissen），因此，系统化的知识作为一个整体可以称为科学（Wissenschaft），如果这个系统中的知识存在因果关系，甚至可以称之为理性科学（Rationale Wissenschaft）"。[3]在德文中，科学是一种系统性的知识体系，是对严格的确定性知识的追求，是通过批判、质疑乃至论证而对知识的内在固有理路即理性世界的探索过程。科学方法有别

---

[1] 家永三郎著，靳丛林等译：《外来文化摄取史论》，大象出版社2017年版。
[2] 罗素著，何兆武、李约瑟译：《西方哲学史》（上卷），商务印书馆1963年版，第11页。
[3] Immanuel Kant, *Metaphysische Anfangsgründe der Naturwissenschaft*. Riga: bey Johann Friedrich Hartknoch, 1786. S. V-VI.

于较为空泛的哲学,它既要有客观性,也要有完整的资料文件以供佐证,同时还要由第三者小心检视,并且确认该方法能重制。因此,按照罗素的说法,人类知识的整体应当包括科学、神学和哲学。

在欧洲,"现代知识社会"(Moderne Wissensgesellschaft)的形成大概从近代早期一直持续到了1820年。[1] 之后便是知识的传播、制度化以及普及的过程。与此同时,学习和传播知识的现代制度也建立起来了,主要包括研究型大学、实验室和人文学科的研讨班(Seminar)。新的学科名称如生物学(Biologie)、物理学(Physik)也是在1800年才开始使用;1834年创造的词汇"科学家"(Scientist)使之成为一个自主的类型,而"学者"(Gelehrte)和"知识分子"(Intellekturlle)也是19世纪新创的词汇。[2] 现代知识以及自然科学与技术在形成的过程中,不断通过译介的方式流向欧洲以外的世界,在诸多非欧洲的区域为知识精英所认可、接受。今天,历史学家希望运用全球史的方法,祛除欧洲中心主义的知识史,从而建立全球知识史。

本学期我跟我的博士生们一起阅读费尔南·布罗代尔

---

[1] Cf. Richard van Dülmen, Sina Rauschenbach (Hg.), *Macht des Wissens: Die Entstehung der Modernen Wissensgesellschaft.* Köln: Böhlau Verlag, 2004.

[2] Cf. Jürgen Osterhammel, *Die Verwandlung der Welt: Eine Geschichte des 19. Jahrhunderts.* München: Beck, 2009. S. 1106.

(Fernand Braudel, 1902—1985) 的《地中海与菲利普二世时代的地中海世界》(*La Méditerranée et le Monde méditerranéen à l'époque de Philippe II*, 1949) 一书。[1] 在"边界：更大范围的地中海"一章中，布罗代尔并不认同一般地理学家以油橄榄树和棕榈树作为地中海的边界的看法，他指出地中海的历史就像是一个磁场，吸引着南部的北非撒哈拉沙漠、北部的欧洲以及西部的大西洋。在布罗代尔看来，距离不再是一种障碍，边界也成为相互连接的媒介。[2]

发源于欧洲文艺复兴时代末期，并一直持续到18世纪末的科学革命，直接促成了启蒙运动的出现，影响了欧洲乃至全世界。但科学革命通过学科分类也影响了人们对世界的整体认识，人类知识原本是一个复杂系统。按照法国哲学家埃德加·莫兰（Edgar Morin, 1921— ）的看法，我们的知识是分离的、被肢解的、箱格化的，而全球纪元要求我们把任何事情都定位于全球的背景和复杂性之中。莫兰引用布莱兹·帕斯卡（Blaise Pascal, 1623—1662）的观点："任何事物都既是结果又是原因，既受到作用又施加作用，既是通过中介而存在又是直接存在的。所有事物，包括相距最遥远的和最不相同的事物，都被一种自然的和难以觉察的联系维系着。我认为不认识

---

[1] 布罗代尔著，唐家龙、曾培耿、吴模信等译：《地中海与菲利普二世时代的地中海世界》（全二卷），商务印书馆2013年版。

[2] 同上书，第245—342页。

整体就不可能认识部分,同样地,不特别地认识各个部分也不可能认识整体。"[1]莫兰认为,一种恰切的认识应当重视复杂性(complexus)——意味着交织在一起的东西:复杂的统一体如同人类和社会都是多维度的,因此人类同时是生物的、心理的、社会的、感情的、理性的;社会包含着历史的、经济的、社会的、宗教的等方面。他举例说明,经济学领域是在数学上最先进的社会科学,但从社会和人类的角度来说它有时是最落后的科学,因为它抽去了与经济活动密不可分的社会、历史、政治、心理、生态的条件。[2]

四

贝克出版社(C. H. Beck Verlag)至今依然是一家家族产业。1763年9月9日卡尔·戈特洛布·贝克(Carl Gottlob Beck,1733—1802)在距离慕尼黑100多公里的讷德林根(Nördlingen)创立了一家出版社,并以他儿子卡尔·海因里希·贝克(Carl Heinrich Beck,1767—1834)的名字来命名。在启蒙运动的影响下,戈特洛布出版了讷德林根的第一份报纸与关于医学和自然史、经济学和教育学以及宗教教育

---

[1] 转引自莫兰著,陈一壮译:《复杂性理论与教育问题》,北京大学出版社2004年版,第26页。

[2] 同上书,第30页。

的文献汇编。在第三代家族成员奥斯卡·贝克（Oscar Beck，1850—1924）的带领下，出版社于1889年迁往慕尼黑施瓦宾（München-Schwabing），成功地实现了扩张，其总部至今仍设在那里。在19世纪，贝克出版社出版了大量的神学文献，但后来逐渐将自己的出版范围限定在古典学研究、文学、历史和法律等学术领域。此外，出版社一直有一个文学计划。在第一次世界大战期间的1917年，贝克出版社独具慧眼地出版了瓦尔特·弗莱克斯（Walter Flex，1887—1917）的小说《两个世界之间的漫游者》(*Der Wanderer zwischen beiden Welten*)，这是魏玛共和国时期的一本畅销书，总印数达一百万册之多，也是20世纪最畅销的德语作品之一。[1] 目前出版社依然由贝克家族的第六代和第七代成员掌管。2013年，贝克出版社庆祝了其

---

[1] 第二次世界大战后，德国汉学家福兰阁（Otto Franke，1863—1946）出版《两个世界的回忆——一个人生命的旁白》(*Erinnerungen aus zwei Welten: Randglossen zur eigenen Lebensgeschichte.* Berlin: De Gruyter, 1954.)。作者在1945年的前言中解释了他所认为的"两个世界"有三层含义：第一，作为空间上的西方和东方的世界；第二，作为时间上的19世纪末和20世纪初的德意志工业化和世界政策的开端，与20世纪的世界；第三，作为精神上的福兰阁在外交实践活动和学术生涯的世界。这本书的书名显然受到《两个世界之间的漫游者》的启发。弗莱克斯的这部书是献给1915年阵亡的好友恩斯特·沃切（Ernst Wurche）的；他是"我们德意志战争志愿军和前线军官的理想，也是同样接近两个世界：大地和天空、生命和死亡的新人和人类向导"。(Wolfgang von Einsiedel, Gert Woerner, *Kindlers Literatur Lexikon,* Band 7, Kindler Verlag, München 1972.) 见福兰阁的回忆录中文译本，福兰阁著，欧阳甦译：《两个世界的回忆——一个人生命的旁白》，社会科学文献出版社2014年版。

成立二百五十周年。

1995年开始，出版社开始策划出版"贝克通识文库"（C.H.Beck Wissen），这是"贝克丛书系列"（Beck'schen Reihe）中的一个子系列，旨在为人文和自然科学最重要领域提供可靠的知识和信息。由于每一本书的篇幅不大——大部分都在一百二十页左右，内容上要做到言简意赅，这对作者提出了更高的要求。"贝克通识文库"的作者大都是其所在领域的专家，而又是真正能做到"深入浅出"的学者。"贝克通识文库"的主题包括传记、历史、文学与语言、医学与心理学、音乐、自然与技术、哲学、宗教与艺术。到目前为止，"贝克通识文库"已经出版了五百多种书籍，总发行量超过了五百万册。其中有些书已经是第8版或第9版了。新版本大都经过了重新修订或扩充。这些百余页的小册子，成为大学，乃至中学重要的参考书。由于这套丛书的编纂开始于20世纪90年代中叶，因此更符合我们现今的时代。跟其他具有一两百年历史的"文库"相比，"贝克通识文库"从整体知识史研究范式到各学科，都经历了巨大变化。我们首次引进的三十多种图书，以科普、科学史、文化史、学术史为主。以往文库中专注于历史人物的政治史、军事史研究，已不多见。取而代之的是各种普通的知识，即便是精英，也用新史料更多地探讨了这些"巨人"与时代的关系，并将之放到了新的脉络中来理解。

我想大多数曾留学德国的中国人，都曾购买过罗沃尔特出版社出版的"传记丛书"(Rowohlts Monographien),以及"贝克通识文库"系列的丛书。去年年初我搬办公室的时候,还整理出十几本这一系列的丛书,上面还留有我当年做过的笔记。

五.

作为启蒙时代思想的代表之作,《百科全书》编纂者最初的计划是翻译1728年英国出版的《钱伯斯百科全书》(*Cyclopaedia: or, An Universal Dictionary of Arts and Sciences*),但以狄德罗为主编的启蒙思想家们以"改变人们思维方式"为目标,[1] 更多地强调理性在人类知识方面的重要性,因此更多地主张由百科全书派的思想家自己来撰写条目。

今天我们可以通过"绘制"(mapping)的方式,考察自19世纪60年代以来学科知识从欧洲被移接到中国的记录和流传的方法,包括学科史、印刷史、技术史、知识的循环与传播、迁移的模式与转向。[2]

徐光启在1631年上呈的《历书总目表》中提出:"欲求超

---

[1] Lynn Hunt, Christopher R. Martin, Barbara H. Rosenwein, R. Po-chia Hsia, Bonnie G. Smith, *The Making of the West: Peoples and Cultures, A Concise History,* Volume II: Since 1340. Bedford/St. Martin's, 2006, p. 611.

[2] Cf. Lieven D'hulst, Yves Gambier (eds.), *A History of Modern Translation Knowledge: Source, Concepts, Effects.* Amsterdam: John Benjamins, 2018.

胜，必须会通，会通之前，先须翻译。"[1]翻译是基础，是与其他民族交流的重要工具。"会通"的目的，就是让中西学术成果之间相互交流，融合与并蓄，共同融汇成一种人类知识。也正是在这个意义上，才能提到"超胜"：超越中西方的前人和学说。徐光启认为，要继承传统，又要"不安旧学"；翻译西法，但又"志求改正"。[2]

近代以来中国对西方知识的译介，实际上是在西方近代学科分类之上，依照一个复杂的逻辑系统对这些知识的重新界定和组合。在过去的百余年中，席卷全球的科学技术革命无疑让我们对于现代知识在社会、政治以及文化上的作用产生了认知上的转变。但启蒙运动以后从西方发展出来的现代性的观念，也导致欧洲以外的知识史建立在了现代与传统、外来与本土知识的对立之上。与其投入大量的热情和精力去研究这些"二元对立"的问题，我以为更迫切的是研究者要超越对于知识本身的研究，去甄别不同的政治、社会以及文化要素究竟是如何参与知识的产生以及传播的。

此外，我们要抛弃以往西方知识对非西方的静态、单一方向的影响研究。其实无论是东西方国家之间，抑或是东亚国家之间，知识的迁移都不是某一个国家施加影响而另一个国家则完全

---

[1] 见徐光启、李天经等撰，李亮校注：《治历缘起》（下），湖南科学技术出版社2017年版，第845页。

[2] 同上。

被动接受的过程。第二次世界大战以后对于殖民地及帝国环境下的历史研究认为,知识会不断被调和,在社会层面上被重新定义、接受,有的时候甚至会遭到排斥。由于对知识的接受和排斥深深根植于接收者的社会和文化背景之中,因此我们今天需要采取更好的方式去重新理解和建构知识形成的模式,也就是将研究重点从作为对象的知识本身转到知识传播者身上。近代以来,传教士、外交官、留学生、科学家等都曾为知识的转变和迁移做出过贡献。无论是某一国内还是国家间,无论是纯粹的个人,还是由一些参与者、机构和知识源构成的网络,知识迁移必然要借助于由传播者所形成的媒介来展开。通过这套新时代的"贝克通识文库",我希望我们能够超越单纯地去定义什么是知识,而去尝试更好地理解知识的动态形成模式以及知识的传播方式。同时,我们也希望能为一个去欧洲中心主义的知识史做出贡献。对于今天的我们来讲,更应当从中西古今的思想观念互动的角度来重新审视一百多年来我们所引进的西方知识。

知识唯有进入教育体系之中才能持续发挥作用。尽管早在1602年利玛窦的《坤舆万国全图》就已经由太仆寺少卿李之藻(1565—1630)绘制完成,但在利玛窦世界地图刊印三百多年后的1886年,尚有中国知识分子问及"亚细亚""欧罗巴"二名,谁始译之。[1] 而梁启超1890年到北京参加会考,回粤途经

---

[1] 洪业:《考利玛窦的世界地图》,载《洪业论学集》,中华书局1981年版,第150—192页,此处见第191页。

上海，买到徐继畬（1795—1873）的《瀛环志略》(1848) 方知世界有五大洲！

　　近代以来的西方知识通过译介对中国产生了巨大的影响，中国因此发生了翻天覆地的变化。一百多年后的今天，我们组织引进、翻译这套"贝克通识文库"，是在"病灶心态""救亡心态"之后，做出的理性选择，中华民族蕴含生生不息的活力，其原因就在于不断从世界文明中汲取养分。尽管这套丛书的内容对于中国读者来讲并不一定是新的知识，但每一位作者对待知识、科学的态度，依然值得我们认真对待。早在一百年前，梁启超就曾指出："……相对地尊重科学的人，还是十个有九个不了解科学的性质。他们只知道科学研究所产生的结果的价值，而不知道科学本身的价值，他们只有数学、几何学、物理学、化学等概念，而没有科学的概念。"[1] 这套读物的定位是具有中等文化程度及以上的读者，我们认为只有启蒙以来的知识，才能真正使大众的思想从一种蒙昧、狂热以及其他荒谬的精神枷锁之中解放出来。因为我们相信，通过阅读而获得独立思考的能力，正是启蒙思想家们所要求的，也是我们这个时代必不可少的。

李雪涛

2022年4月于北京外国语大学历史学院

---

[1] 梁启超：《科学精神与东西文化》（8月20日在南通为科学社年会讲演），载《科学》第7卷，1922年第9期，第859—870页，此处见第861页。

导 言

刘 伟

我们在描述和评价一个人的人格特征的时候,最看重什么?本土人格心理学的研究结果表明,中国人人格维度中排在首要位置的是精明干练——愚钝懦弱,即人在能力和知识方面的特点。中华文化的传统不是最重视道德修养吗?为什么能力维度反而排在首位?心理学家的解释是,我们在评价别人的时候,可能首先想到的是这个人的道德品质问题,但是当我们在评价自己的时候,首先想到的是自己的能力如何。因此,在指向自我评价的时候,本书的主题——智力——是我们大多数人最看重的一种心理品质。而在真实生活中的各个领域,譬如学校学习、职业晋升、自我理解等等,智力都有重要作用。然而对于什么是智力,智力是否等于智商这个问题,我们从常识中得到的印象与智商测试的结果往往很难统一。

《什么是智力?》是德国海德堡大学普通心理学和理论心理

学重要学者撰写的，引领读者关注了这些贯穿百年现代心理学研究史的重要问题：如何测量智力？智力在人的一生中如何发展？智力与其他因素有什么关系？智力可否通过训练得以提升？

首先，通过百年的智力研究表明，智力没有一个普遍承认的客观的内容，一定要找一个共同点的话，那就是人们都把智力理解为从经验中学习和适应环境要求的能力。

其次，通过考察不计其数的从智力的不同角度测量智力的测验方法后认为，这些测验大都是聚焦语言能力、计算能力、空间想象能力和逻辑推理能力，依据智力的基本因素探索智力的基本结构，其结果反映的是一个人的现状还是潜力，受人质疑。测验往往忽视处理人际关系能力的社会智力，缺少前瞻性思维，因此智力测验的结果不太贴近实际情况，已有的智力的计算机模拟研究也没有解释清楚人们究竟是如何运用智力去解决复杂环境中的问题的。

再次，本书着重介绍了瑞士心理学家皮亚杰的研究，旨在使读者从发展心理学的角度发现智力发展过程中的规律。

最后，本书对智力本质的总体观点为，人们至今还不清楚智力的起因-结果机制，测试所反映的智力高低与学习成绩之间存在一定的关系，但与职业成功、解决复杂问题的能力、创造力和专家鉴定之间却几乎没有或根本没有联系。对一个人智力的理解取决于文化和社会背景，但智力行为的根本认知进程总是相同的：处于每一种文化中的人都要学习推理，都要习得一些能力，都要学会解决问题。智力究竟在多大程度上是遗传的、多大程度上是后天培养的这个问题，至今没有统一答案，目前人们认为智力部分受遗传影响，但大多数认知能力是可以训练的。

显然，百年来的智力研究得到的并非是唯一正确答案。但我们对自身规律的认知已经走上了进步的阶梯，这种人类最渴望拥有的品质的面纱，已被揭起一角。随着人工智能的兴起，人工智能系统在模仿、理解和适应人类行为的过程中，也成为理解人类智力的更重要的路径。智能将既是我们自身的一种心理品质，也是必须面对的未来世界。

第1版前言

"智力"无疑是在社会上引起广泛关注的心理学概念之一，这与它所指的一些特征在日常生活中发挥的重要作用是分不开的。例如，孩子开始上学时，我们就会测试孩子是否足够聪明，能否跟得上学校课程的正常进度。今天，进入职场或者得到进入大学的学习机会都会跟测验联系在一起，这些测验在最广泛的意义上都可称为智力测验。连职业上的晋升都可以与相关的评估关联在一起。除了"智力"的社会意义，个体的兴趣也不容小觑：谁不想了解一下自己的智力呢？哪怕是为自己的智商数骄傲而自鸣得意呢！

所以，智力在很多方面对于一个人的人生道路都有选择功能，那么，人们愿意知道这对自己意味着什么也就不足为奇了。

我们想通过这本小书满足一下对"智力"科学感兴趣的外

行人的合理好奇心，针对一些中心问题的回答给出建议。我们既不能像教科书那样展示"智力"相关的所有知识，也无法对这一领域做全面的概述。我们能做的是让我们的读者敏感地关注一些重要问题，这些重要问题就像一根红线贯穿了足足百年的现代心理学研究史：如何测量智力？智力是天生的还是能被环境影响的？智力在人的一生中如何发展？智力与其他因素有什么关系？智力可否通过训练得以提升？

必须承认：我们两个在撰写这本书的过程中享受到了极大的乐趣！即便有时我们承担的其他工作占用了大部分精力，我们秉承的将复杂思想诠释得通俗易懂的理念和兴趣还是让我们找到了平衡的办法，最终完成了这本书。

感谢贝恩德·罗伊申巴赫（Bernd Reuschenbach）在制图方面提供的帮助，感谢托马斯·克吕格尔（Thomas Krüger）在计算机问题上给予的支持。感谢于尔根·布雷登坎普（Jürgen Bredenkamp）、马雷娜·恩德波尔斯（Marlene Endepohls）和克里斯蒂安娜·赫斯特（Christiana Hoerster）对本书初稿提出的宝贵建议。贝克出版社的斯特凡·迈尔先生（Stephan Meyer）不仅是这本书的发起者，还在整本书的完成过程中时刻相伴。感谢与他的愉快合作！

> 约阿希姆·丰克和比安卡·法特罗特－普吕耐克
> 海德堡，波恩，1998年春

第 2、3 版的前言

我们欣喜地看到大家对这个话题的浓厚兴趣，在再版之际，在恰当和必要的地方小心进行了补充和更新。虽然距离第1版印刷已经过去了10年，但这本书的内容还是符合当前的情况，能够让读者尽快进入到这一引人入胜的话题。

约阿希姆·丰克和比安卡·法特罗特

海德堡，杜塞尔多夫，2008年冬

目 录

第一章 智力：究竟是什么? 001

第二章 智力研究历史 005
1 相貌学 007
2 颅相学 008
3 生理功能测量 009
4 第一个智力测验 012
5 智商的提出 016
6 比奈测验带来了什么? 017

第三章 怎样测量智力，测量的是什么? 019
1 目前德语国家的智力测验 023
2 智力测验的文化局限性 029
3 其他质疑 032
4 替代方案：复杂场景处理 034

第四章　传统智力模型　039

1. 单因素模型：智力作为整体构造　040
2. 智力二因素论　041
3. 多因素论　043
4. 流体智力和晶体智力理论　045
5. 智力三维结构模型　047
6. 因子分析智力模型的问题　050

第五章　现代智力模型　051

1. 艾森克的智力理论　052
2. 斯滕伯格的智力三元论　054
3. 加德纳的六元智力理论　057
4. 情绪智力　060

第六章　永恒的争论：遗传与环境之争　063

1. 双生子研究的结果　064
2. 遗传与环境之争的影响　067

第七章　智力的发展　069

1. 皮亚杰的智力发展理论　070
2. 人一生的智力发展　083
3. 老年人的智力：智慧　084

第八章 智力与其他   087
1. 学习成绩与智力：高智商的学生就是好学生吗？   088
2. 高智商是职业成功的保障吗？   092
3. 智商高的人更具创造力吗？   097
4. 不同文化之间有智力差别吗？   100
5. 男性女性之间有智力差别吗？   104
6. 智力和某些特定能力之间有关系吗？   109
7. 智商高的人能更好地解决复杂问题吗？   112

第九章 提高智力   115
1. 提高智力的方法   116
2. 天才   119
3. 天才的弱点   121

第十章 总结   123

附 录   127
1. 什么是相关性？它说明了什么？   128
2. 因子分析   130

参考文献   133
关键词   141

第一章

智力：究竟是什么？

在过去的一百年里，人们对"智力"进行了深入的研究，尽管如此，对"智力究竟是什么"这个问题的回答仍然无法统一。分歧的原因可能在于，"智力"这个概念没有一个普遍承认的、客观的内容。与年龄、重量等概念不同，在"智力"上不可能直接观察到一个特征来对一个人的智力做出评价。相反，智力必须从行为里推断出来，例如如何解决问题，如何适应新的环境。但定义上的困难并没有阻止人们采用各种推测的智力等级来判断别人的智力水平。对于智力这个概念，特别典型的是，人们经常使用它，却并不对它进行深入的思考。

如果问外行人，聪明的人有什么特点，他们一定会提及自信、成功、能言善辩等特征。[1]智力是什么，与社会中占统治地位的标准和价值观紧密相关。在社会或工作生活中有益的特征便会与"智力"联系在一起。此外，智力有两重意思：一方面从"聪明的行为"的意义上讲是产品相关的，例如发现一项新的物理定律，发明一个发动机，创作一首曲子。另一方面从"过程相关"的角度描述聪明的行为的源头，即精神进程。拥有聪明行为的前提的人经常用形容词"聪明""有才华""有天赋""伶俐"来形容。[2]

专家们对智力的定义也不尽相同。争论在1923年埃德温·波林（Edwin Boring）³的定义中达到顶峰，他说："所谓智力就是测验所测试的东西。"这个定义显然不能令人满意，因为它基于一种循环论证，也就是说，只有在智力测验（Intelligenztest）和那些只是表面上描述智力的测试能区分开来的时候，智力才能被定义。而这是不可能的，因为我们必须能够指出那些伪智力测验实际上测量的并不是智力。这又是不可能的，因为智力根本没有得到定义。

1986年的一次研讨会⁴会集了很多专家对于"何为智力"的回答。被访问的专家们最经常用来定义智力的特征是"较高级别的加工能力（逻辑推理、想象、解决问题、评价）""在一个文化里被视为最重要的东西""基础性的加工过程（感知、感觉、注意力）""知识""成功的行为"。

显然，每种定义都是从不同角度对智力做出的不同理解，这也体现在不尽相同的研究传统中。这些研究基本上可以分成"信息处理（Informationsverarbeitung）的尝试"、"心理测量的尝试"和"发展心理学的尝试"三类。这些尝试从不同的角度考察"智力"，试图回答不同的问题。信息处理视角是从实验心理学发展而来，它们的支持者研究智力成果的基础进程，比如测量反应时和记忆能力，研究人如何对不同的信息做出反应，如何加工学到的东西。心理测量是基于测试测量心理特征。心理测量的智力理论采用专门的数据处理方法（因子分析，参见附录第2部分）来分析智力测验，从中得出关于智力结构的推断。发展心理学的尝试要追溯到瑞士心理学家让·皮亚杰，研究人一生的智力发展。

智力研究从一开始，争议便如影随形，至今仍未平息。因此，人们一直在讨论智力究竟是普通的、一般的一个量呢，还是由不同的、相对独立的多个精神能力组成？关于智力究竟在多大程度上是天生的或后期习得的争论也是一个经典的话题，今天仍具现实意义。20世纪初，阿尔弗雷德·比奈（Alfred Binet）认为智力是处理当前情景的方式。今天，安妮·阿纳斯塔西（Anne Anastasi）[5]也持相似的观点，她将智力理解为一个异质的、变化的环境所要求的适应能力，而不是天生的性格特征。相反，汉斯-尤尔根·艾森克（Hans-Jürgen Eysenck）[6]还是站在威廉·斯特恩（William Stern）[7]的传统，视智力为调节思维适应新要求的个人能力。

现在我们知道什么是智力了吗？以上所说完全没有穷尽对这个问题的回答，只是让大家对这个问题有个初步的理解。接下来的章节我们将以特定的角度进行深入讲解，加深大家的理解。下面我们从智力研究的历史开始讲起。[8]

第二章　智力研究历史

如何测量特定任务要求人们所具备的能力和条件？对于这个问题的研究在19世纪心理学建立之前就有相当久的历史了。这可在古典时期的文献中得到证明。要成为英雄，就必须解决艰难的问题，驯服野兽或横越危险的江河湖海。传说和童话中也有这样的情节，人们经常是解决了复杂的问题或回答出了难度大的测试题，才能将重要的职位交付于他。希腊传说的英雄俄狄浦斯之所以能够将城市忒拜从凶恶的怪兽斯芬克斯手中解放，是因为他答出了她的谜语"什么东西早晨用四只脚走路，中午用两只脚走路，傍晚用三只脚走路"的谜底，是"人"。除了传说与童话，我们文化中智力测量的历史开始于摩尔人的一种神秘的学说，这个学说在13世纪西班牙学者中广为流传，可以指导父母判断他们的儿子是否有从事特定科学的天赋。西班牙医生霍安·瓦尔特（Joan Huarte）在1575年将这个神秘的方法从摩尔语翻译成西班牙语，并在欧洲王室中得到了广泛的传播。[1]

1 相貌学

判断智力的另一种方式也源自古典时期，甚至在20世纪初仍具影响力。他们是力求通过相貌学特征和面部表情或笔迹等呈现方式来判断一个人的智力。亚里士多德（Aristoteles）就曾写过一篇关于相貌学（Physiognomie）的翔实的论文。相貌学是通过一个人的外形，尤其是脸部特征来分析他的本性。亚里士多德对比了人类和动物的相貌，发现"愚蠢"的人和驴的相貌有类似之处，诡计多端的人和猫的相貌有一定的共性（参见图1）。[2]

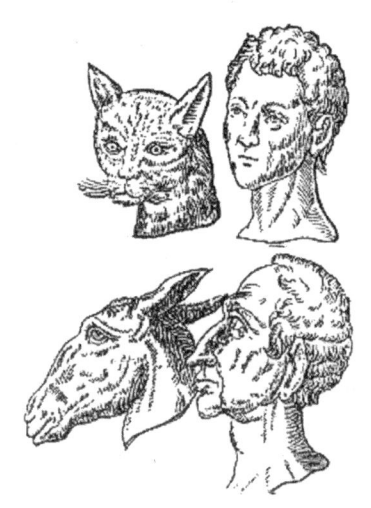

图1 人与动物的相貌比较（出自 Gerling，1930）

即便在今天，亚里士多德对具体的、身体特征的观察也让人感到奇怪：他说"精神富足的人"身体柔软，颈部瘦削，肩膀微薄，皮肤干净细腻、白里透红，脸型柔和、清瘦，眼睛炯炯有神，头发颜色或深或浅，但不粗糙；"愚笨的人"颌颚凸出，额头肥胖，面无表情。

17世纪时，意大利人德拉·波尔塔（della Porta）继续研究相貌学。赫尔德（Herder）和歌德（Goethe）也参与撰写的拉瓦特尔（Lavater）的著作（《观相学片段》，1775—1779）使相貌学得到了传播。通过大量的历史、艺术和科学方面的例证，人们尝试证实精神大家大部分都身材娇小。这个观点在传说中的某些情节里也有印证，例如小矮人经常是聪明狡猾的，而巨人常常是愚笨的。

2 颅相学

后来，弗伦茨·约瑟夫·加尔（Franz Joseph Gall, 1758—1828）继续研究和发展了这个分支。早在小学时期，加尔就观察他的同学们并猜测在特定的智力特征和头型之间有一定的联系。在此基础上，身为医生和脑科学家的他在19世纪后半叶发展了颅相学（也称颅骨学），认为所有的天赋和性格特征都能在头颅和脸部形状上表现出来。在这个意义上，美国解剖学家斯皮茨卡（Spitzka）说服当时的一些杰出人物在他们死后捐献出头颅用于科学研究。他测量了这些人大脑的重量和大小，与欧洲人大脑的平均重量1300~1400克相比，有些天才大脑的重量确实要更重。居维叶（Cuvier）和屠格涅夫（Turgenjew）的大脑尤其大而重，屠格涅夫的大脑甚至超过了2000克。但也有些结果令人疑惑，比如颅相学的创建人之一加尔的大脑只有1198克。著名作家阿纳托尔·法朗士（Anatole France）的大脑只略微超过了1000克。[3]

3 生理功能测量

功能流程测量意义上的智力测量得益于出生在英国的弗朗西斯·高尔顿（Sir Francis Galton, 1822—1911）的创意。高尔顿生活的时代是进化论的影响日益增强的时代。他家境优越，让他能够将极大的精力和创意投入到他感兴趣的研究领域。1869年，他出版了《遗传的天才》（德语版本出版于1910年）一书。在书中，他分析了一些著名英国人士的家族谱系，试图证明智力和天赋遵循某种生物遗传学规律。当人们认为这本书的观点还十分大胆的时候，他又在伦敦的人类测量实验室进行了除头围测量以外的心理学测试。这个实验室是他1884年建立并趁着国际卫生博览会的契机开放的。本着"能测量多少就测量多少"的原则,在1884—1890年之间,将近10000名受试者参与了他的测试。只需很少的费用,受试者便可了解自己的视力、听力、反应速度或膂力情况。

高尔顿认为,受过教育和有教养的人有着更为精细的感觉中枢区分能力。他意图通过人们身体方面的特征和区别来推断他们心理方面的特点和不同。他认为,只要具备足够的创造力,一切皆可测量。例如,他尝试测量祷告的效果,建议通过测量一个报告的听众要经过多久才能从凳子上滑下来,将无聊量化。但这些宏大的项目总的来说没能得到有意义的结果。

但不可否认,高尔顿对智力测量、遗传(Vererbbarkeit)对智力的重要性、后天教育对智力的影响这些重要问题的探索对智力研究做出了重要的贡献。他推动了心理测量数据评估的发展,尤其是心理学领域相关性的计算。但他的工作和影响也并非无可指摘。在1883年,高尔顿就倡导基于父母双方遗传的重大意义对婚姻和生育进行干预,并提出了"优生学"(Eugenik)的概念。他希望改良人种,创造"像现代欧洲人优于最低级黑人那样的在智力和道德上都优于现代欧洲人的人种"[4]。在之后的研究中,他致力于寻找能够保证该项目成功的指标。

文献中常常指出高尔顿是查尔斯·达尔文(Charles

Darwin, 1809—1882）的表弟。达尔文推测动物通过适应环境而保障生存。这种适应通过一种选择机制实现，基于遗传进程中的基因突变，最终只有最好地适应环境的物种才能生存下来。由于高尔顿和达尔文的亲缘关系，人们经常认为他们俩之间也有某种智力亲缘关系。实际上，事实恰好相反：达尔文明确表示反对将选择机制推广到人类社会。有趣的是，他的论证甚至是以达尔文主义立场为基础的："我们认为我们应该给无助的人提供帮助，这种感觉源于同情，同情原本是作为社会本能的附属形式出现的，但它在较早的发展阶段就显露出来并且逐渐变得细腻而热心。现在即便当我们的信念要求不要以此失掉我们最高贵的本性时，我们也不能再压制我们的同情。"[5] 高尔顿的心理测量方法与威廉·冯特（Wilhelm Wundt, 1832—1920）类似。冯特于1879年在莱比锡创建了第一个心理实验室。冯特致力于找到普遍的行为规律，而高尔顿则希望发现人们之间的不同。

高尔顿对实验的兴趣是否源于冯特的影响，这一点无法证明，但确定的是，冯特影响了美国人詹姆斯·麦基恩·卡特尔（James McKeen Cattell, 1860—1944）的工作。1883—1886年间，卡特尔是冯特的助手，与他的老师不同，卡特尔从事个体差异研究。后来他在剑桥大学任教，并在那里遇到了高尔顿，从而继续发展了他关于个体差异类别的观点。卡特尔认为，感觉、知觉（感知方面）和运动进程是人们智力的基础。他设计了一组测试,让学生们辨认两个重量中较轻的一个,或者对一个声音信号尽可能迅速地做出反应,以此测量学生们的能力。他在1890年发表了论文《心理测验与测量》,首次报道了对这些测验的研究,建立最初的测验心理学。但他的这些测验对预见学业的成功却没有多少说服力。与卡特尔的期待相反,测验结果和大学生的学习成绩之间几乎没有相关性。即便如此,在接下来的几年,他所持的个体差异研究必须处于心理学研究的中心这一观点,还是牢固确立了下来。

在德国,里格尔(Rieger)在两年之前(1888)就设计出了第一套智力测验方法,用于系统地掌握和描述智力缺陷。他的测试包括感觉(感知)、统觉(理解力)、记忆力、联想、对感觉印象的辨识和语言定义。

4 第一个智力测验

法国人阿尔弗雷德·比奈(1857—1911)是第一个智力测验,即比奈量表(Binet-Skala)的创始人。虽然比奈最初学习医学,但他却是当时巴黎大学举足轻重的心理学家之一,并且参与创建了法国第一个心理学实验室。

比奈坚信,人与人之间的个体差异就显示在较高级精神活动中那些当时还很少研究的一些领域中。他和他的同事亨利（Henri）在1896年就已经提出了一些测试建议来测量11种不同的能力，包括记忆力、形象思维能力、想象力、注意力、理解力、敏感性、美感、意志力、道德感、运动能力和空间想象力。

这里要确定的是，认为心理维度可测量的观点继承了当时实证主义理想，并受到用自然科学的量化方法研究心理现象所获得的成功的影响。随之而来的还有统计学的发展，使得大规模的数据处理成为可能。当然，想要像测量物理量那样测量心理活动无疑是对19世纪哲学推测导向的心理学主流传统的挑衅。但在世纪之交的实证主义洪流中，这种传统倾覆了，对心理学家而言，用实证来证明他们的理论和范式成为了理所应当的事情。这时，心理学作为实验导向的自然科学开始逐步确立，这让心理学至今仍在受益。

在法国教育部的推动下，比奈和他的学生西奥菲勒·西蒙（Théophile Simon）律师受到委托要研发出一种方法来客观评定儿童可能存在的学习障碍（Lernbehinderungen），目的是给孩子设置更符合他们能力的特殊课程。与高尔顿不同，比奈的出发点是，测试值绝对不是判断天生智力差异（angeborene Intelligenzunterschiede）的尺度，至多反映的是对当前成绩差异的评估。孩子们的成绩可以通过训练和特殊帮助得到提高。相关文献也是反复强调，与同时期的很多研究者不同，比奈的研究旨趣在于如何为学习困难的孩子提供帮助。值得注意的是，德国心理学家赫尔曼·艾宾浩斯（Hermann Ebbinghaus，1850—1909）也持这个观点。在1898年发表的一篇论文中，他研究了针对学龄儿童的智力测验，探讨了对儿童来说，学校中的课程是否超出他们能力范围之外，以及以何种方式超出了他们的能力范围。

比奈在1905年推出的智力测验的方法很奇特，并且非常简单：让不同年龄组的孩子完成不同的任务，这些任务须能被客观评价，要求逻辑思维而非死记硬背。此外，孩子所处的不同环境条件尽量不对测验结果产生影响。例如，孩子们要按照要求指出他们的鼻子或耳朵，根据记忆复述图画内容或给概念下定义。为了制定测试的心理学标准，他们测试了50名非残疾的3~11岁儿童，根据孩子完成的任务数量来确定智力。1908年，他们推出了新的、修订版比奈-西蒙量表（Binet-Simon-Skala），为3~13岁儿童制定了不同难度的任务。1911年，比奈和西蒙又对量表进行了修订，推出了第三版测试方法，针对从学龄前一直到15岁的每一个年龄段，统一设置5个任务。例如，一个3岁儿童要做的任务是：重复两个数字，说出自己的姓，说出图画上展示的物品，重复一句含有六个音节的句子，指出自己的鼻子、嘴和耳朵。

量表标示的每位儿童的个体能力水平称为智龄（Intelligenzalter，简称IA）。智力基础年龄指的是所有任务均完成或者最多只有一项任务没完成的那个年龄组，如果完成了较大年龄组的任务，智力基础年龄相应提高（智龄=智力基础年龄+超出的年龄组差距）。因此，一个孩子的智龄可能超出他所在的年龄组，也可能落后于他所在的年龄组。比奈不支持定义孩子测试结果的意义，也拒绝通过测试对孩子按照智力水平简单地划分能力高低，打上标签。这个测试的目的仅仅是发现有学习障碍的孩子，进而用特殊的方式给这些孩子上课。

比奈也对课堂设置提出了具体建议。他提倡小班授课，应该15~20个孩子一个班，而不要60~80个孩子一个班，还提出了"智力矫正"(geistige Orthopädie) 方案。在进行语法练习之前，应该通过一系列身体练习让意志力、注意力、纪律性和精力集中都得到训练。其中一个练习叫"雕像练习"(l'exercise des statues，类似"木头人"游戏)，旨在改善集中精力的持久性。一开始孩子们要疯狂地跳来跳去，直到得到一个不许动的指令，就要保持住一个姿势不能动，并且保持姿势不能动的时间要逐渐变长。比奈欣喜于他的方案的成功，认为这种颇受偏爱的课堂方式不仅扩充了知识，还提高了智力。"我们改善了学生智力的组成部分：学习的能力以及吸收和内化课堂的能力。"[6]

尽管比奈的测验依然有很多明显的缺陷（制定标准时只是在5个年龄段中各选取了10名学生），但他的基本理念对我们今天的测验方案仍具影响。我们也能看到，为了满足特定的社会需求，测验在不断发展和推进。尤其到了后来，选拔原则（Prinzip der Auslese）成为了智力测量的主导动机，更是促进了智力测验的发展。

5 智商的提出

除比奈之外，德国心理学家威廉·斯特恩也致力于研制一个测试集。他第一次定义了智商（Intelligenzquotient，简称IQ）。比奈认为"智力年龄"（IA）的缺陷在于智力滞后或超前的绝对值对实际智力情况的说服力不大。我们知道，一个5岁的孩子如果被判定智龄为3，一个10岁孩子的智龄为8，尽管两种情况下智力落后的绝对值都是2，但是这个5岁孩子的智力缺陷要比那个10岁孩子的智力缺陷严重。斯特恩提出的智商就考虑到了这方面问题，他用智龄除以实际年龄，将这个值再乘以100以便得到整数。再回到上面的例子，按照这个算法，10岁孩子的智商为80，5岁孩子的智商为60。[7]但这样定义的智商也有缺点，即随着年龄的增长，智力不会一直得到改善，因为作为分母的实际年龄是持续增长的。所以，将智龄和实际年龄关联起来的智商对成年人来说就没有意义了。这个问题在关注成年人智商的美国人大卫·韦克斯勒（David

Wechsler）那里得到了解决。1932年，他用"离差智商"的方法计算智商，即计算某个人的智力水平与参照年龄组平均智力水平的偏离，这种计算模式至今仍得以沿用（参见第三章）。这个偏离值（Abweichungswert）还像以前一样被称为智商，虽然严格意义上讲它并不是一个商值。

6 比奈测验带来了什么？

再回到比奈。他研发的测验在不同国家都得到了追捧和接受，根据不同国家的情况进行了相应调整，例如在美国，刘易斯·麦迪逊·推孟（Louis M.Terman，1877—1956）对其进行了修订，在英国西里尔·伯特爵士（Sir Cyril Burt）对其做了调整。鲍勃塔格（Bobertag）在德国进行了智力测验，但他的版本却因存在严重缺陷没能传播开来。[8]比奈测试起初积极正面的意图越来越被人忘却。在美国，斯坦福大学的推孟教授调整后的斯坦福-比奈测验流行起来。1916年，推孟教授进行了比奈测验的第一次调整，将测验对象扩展到成年人，将测验任务由54项增加到90项。比奈的测验只基于50名学生，推孟教授的数据基于约2300名美国学生。美国1917年加入第一次世界大战，于是诞生了新的目标群体：士兵。这段时间，专注于士兵心理研究的心理学家耶基斯（Yerkes）和推孟、亨利·戈达德（Henry Goddard）以及其他同事合作，创建了最早的群体测验（即不是获得单独某个人的数据，而是进行较大群体的成员同时参加测验的系列研究），这就是著名的陆军甲种测验（Army-Alpha-Test）和陆军乙种测验（Army-Beta-Test）。共有175万美国军队招募的新兵参加了该测验，依据测验结果将这些新兵分配到合适的岗位。会写字、能识字的新兵参加书面的甲种测验，不识字的新兵参加乙种测验做一些图片测试题。乙种测验失败的新兵再进行单独测验，一般是进行某个版本的比奈测验。根据测验结果，新兵被划为A~E五个等级，分别对应学校分数中的1~5分。面向军官方向的发展大多数只考虑C及C以上的水平。这样，推孟创建了最早的可以批量进行的职业契合和许可测评。[9]

斯坦福-比奈测验在很长时间都是一个"黄金标准"，后续新提出的测试方法都要拿来跟它进行比较。这个测验的最后一版（第五版）修订完成于2003年，让我们看到，一经提出的方法经过相应的"维护"可以保持如此长久的生命力！

第三章　　怎样测量智力，测量的是什么？

智力测量对心理诊断学的一个很大挑战是：有什么理由认为一个人拥有某一特定的智力值呢？智力究竟能否得以量化呢？

可能的操作方法从第一眼看上去很简单：可以形成一个任务集合去测试某人的智力，这个任务集里包含不同难度的、能够体现人们智力水平的任务，例如正确续写数字序列"1 1 2 6 24？"（正确答案是120）、徒手从小溪里抓鱼、很好地解决某一社会团体的困境或解释概念的意义。然后看这个人完成了多少任务集里的任务，完成得越多，智力水平越高。

但是，很快人们就意识到有一系列问题：能否一直明确地判断回答的对与错？续写数字序列或徒手抓鱼与智力有关系吗？不同的任务对智力的重要性一样吗？

在智力研究的一百年历史中，涌现出了无数智力测量的建议[1]，但它们在实际的操作中却以失败而告终。在我们分别介绍现行的德语版智力测验之前，应该先来了解一下这些测试方法的发展史，尤其很多测试方法都回避智力的定义，直接说智力就是测验测到的东西[2]。即便我们不想接受这种比较好操作的智力定义，了解一下智力诊断学的实践对我们更好地理解它也是颇具意义的。

由斯特恩提出、经推孟发展的对智商的理解，即智商是智力年龄和实际年龄的比，只对儿童有意义，因为儿童的认知水平随着年龄（Alter）的增长而提高。但对于成年人来说，这个智商值就没有意义了。起初，曾有人建议在计算成年人智商时用17岁这个标准年龄，不考虑成年人的实际年龄，这个提议受到了"韦克斯勒–贝尔维智力测验（Wechsler-Bellevue-Intelligenztest）[3]之父"大卫·韦克斯勒的尖锐批评。韦克斯勒建议不用比例，而用一个偏离值。制定一系列任务，各个年龄段的成年人均适用。将某一成年人的任务完成情况与他所在年龄段的平均水平进行比较，与平均水平的距离就反映了他的智力水平。设定每个年龄段的智力平均水平是100，距平均水平的偏离值借助平均差计算，这样不同个体和年龄段之间就可以进行智力水平的比较了。这里使用的是标准差（Standardabweichung），按照正态分布就可知道一个抽样中有多少比例处在均值加减标准差的区间内（这个区间约占所有抽样的68.3%）。图2展示了均值设定为100的测试如何确定离差智商。

根据横向研究（Querschnittsuntersuchungen），即同一时间测量不同年龄段的人们的智商，韦克斯勒认为人们的智力直到25岁都呈上升趋势，但在年纪较大时呈下降趋势——这个观点在今天看来并不具备足够的区分度。在第七章的第3部分中我们再深入探讨这个问题。接下来我们借助韦克斯勒

分布比例

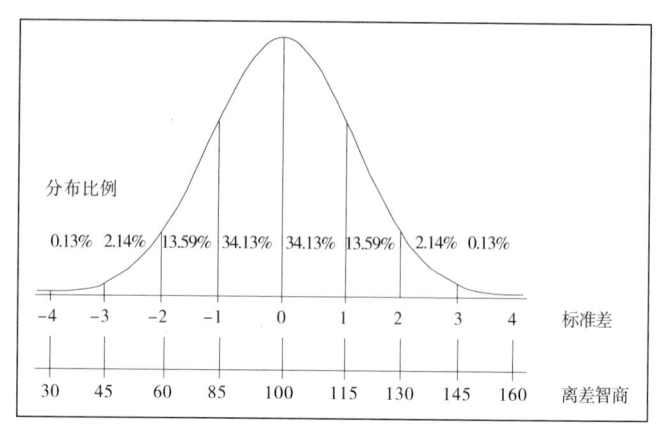

0.13% 2.14% 13.59% 34.13% 34.13% 13.59% 2.14% 0.13%

−4 −3 −2 −1 0 1 2 3 4   标准差

30 45 60 85 100 115 130 145 160   离差智商

图2 离差智商的确定（上半部分标准正态分布均值=100，标准差=15；下面是对应的离差智商）

测验的德语版本汉堡-韦克斯勒智力测验（Hamburg-Wechsler-Intelligenztest）更加详细地诠释一下这个测验。

威廉·斯特恩在1912年提出了智商的概念，也尝试对智力进行定义（智力是人们普遍具有的有意识地调整自己的思维来应对新需求的能力；是普遍的、精神层面上对生活中新任务和新条件的适应能力），但智力测验在德国的发展在斯特恩的努力之后陷入了停顿。心理测量角度的智力测量的继续发展明显转移到了美国，美国不仅测试了大量人群，而且发展了数据处理方法用于智力测验。

1 目前德语国家的智力测验

在1983年的一个较老版本的智力测验概览中，沃尔夫冈·康拉德（Wolfgang Conrad）[4]梳理了74种德语版智力测验方法，这个数字在今天只会变大而不会变小。当今，德语地区主要使用的智力测验有汉堡-韦克斯勒智力测验［针对儿童和成人有不同的测验，分别叫韦氏儿童智力测验（HAWIK）和韦氏成人智力测验（HAWIE）］、瑞文-矩阵测验（Raven-Matrizen-Test）、智力结构测验（Intelligenzstrukturtest，简称IST）、基本智力测验（Grundintelligenztest CFT）和成绩测试系统（Leistungsprüfsystem，简称LPS）。这里的列举顺序依照安吉拉·绍尔（Angela Schorr）1995年发表的在1500名西德职业心理诊断医生中所做的问卷调查的结果[5]。这个问卷没有提及同样非常重要的维尔德智力测验（Wilde-Intelligenztest，根据测试设计者提供的数据，该测试曾被使用过25万次）、考夫曼儿童成套评价测验（Kaufman Assessment Battery for Children，简称考夫曼-ABC）和柏林智力结构测验（Berliner Intelligenzstruktur-Test，简称BIS），其中柏林智力结构测验是积木式系统理念，提供了45种非常不同的、精挑细选的、有代表性的任务类型。

绍尔的问卷调查对我们来说重要的一点是：参加问卷调查的约四分之一的心理诊断医生都希望在智力测验领域出现新的

至少是改良过的智力测验方法,比其他任何一个心理诊断领域都要多。这显然是对发展到今天所形成的测试方法的不满,但并非没有原因。我们将在本章最后讨论大家对智力测量的批评。

由于篇幅限制,我们无法详细介绍德语地区使用的所有智力测验方法,只聚焦最经常提及的测试,即成人版汉堡-韦克斯勒智力测验(HAWIE)和20世纪80年代发展起来的柏林智力结构测验(BIS)。[6]

(1)成人版汉堡-韦克斯勒智力测验(HAWIE)

韦氏成人智力测验在1991年经历过一次大修订,包括11个分测验,其中6个分测验属于口试部分,5个分测验属于操作部分。表1列出了所有附带简单描述的分测验。

表1 韦氏成人智力测验分测验描述

口试部分	
一般知识	不同难度的知识问题
数字复述	重复或倒序重复听到的数字序列
词汇测验	考查不同概念的含义
计算能力	回答不同的算术问题
一般理解	论证某些行为活动,例如为什么要纳税
寻找共性	回答两个对象的上一级概念

操作部分	
图画填充	找出给定图画中缺少的元素,如,一扇门的把手
图片排序	将打乱顺序的有连续情节或动作的图片重新正确排序
木块图测验	补充完成一些由木骰子拼成的拼贴图案
图形拼凑	将一幅图的碎片拼凑成完整的图案
数字-符号测验	根据编码表,将一系列数字转化为符号

韦氏成人智力测验不仅可以测试成年人的整体智商,也能分析各分测验的情况。将年龄恒定的分测验和年龄不恒定的分测验进行比较,还可以探究智商与年龄的关系。

除了成人测验版本,还有汉堡-韦克斯勒智力测验儿童版(HAWIK),它的最近一次修订完成于2008年,测验结构与成人版本类似。

(2) 柏林智力结构测验(BIS)

柏林智力结构测验于1997年投入使用,由柏林教授阿道夫·O.耶格尔(Aldolf O. Jäger)和他的同事一起经长年研究工作制定而成。[7]该测验依据的智力结构模型(Intelligenzstrukturmodell)基于两点:

①智力有层级之分(具体要求层面、因素联合层面和整体

智力层面）；

②每一次智力发挥作用都有多维度、多模态（在不同层面上）的因素共同起作用，至少包括行动方面（操作性）的能力因素和内容相关的能力因素。

柏林智力结构测验区分了4种操作性因素、3种内容相关因素，从而组合出12种不同的要求。图3展示了这种双模态式智力结构模型。

操作性能力因素包括操作速度（B指解决简单任务时的工作速度、理解力和注意力）、记忆力（G指对语言、数字和图

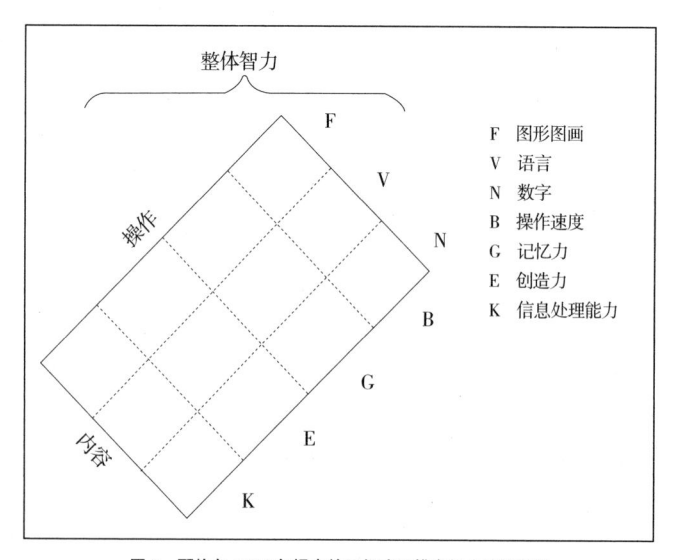

图3 耶格尔1982年提出的层级式双模态智力结构模型

F 图形图画
V 语言
N 数字
B 操作速度
G 记忆力
E 创造力
K 信息处理能力

像材料的记忆、辨认或再现)、创造力(E指思想创造、丰富的信息资源储备、富有想象力,不限于语言内容)和信息处理能力(K指处理复杂信息、考虑周全、可调用资源、建立和维护各种关系)。内容相关的能力因素包括与语言相关的思维(V指语言,包括对语言系统的掌握和使用)、与数字相关的思维(N指数字,包括对数字系统的掌握和使用)和直观形象思维(F指图形图画,包括处理与图形图画相关的任务材料)。

每一次智力发挥作用都可描述为一个操作性能力和一个内容相关能力联合协作。例如,要完成"续写数字序列"这一任务既需要掌握数字系统(内容相关因素,N),又需具备逻辑推理能力(操作性因素,K)。

柏林智力结构测验本身由45项任务种类组成,兼顾4个操作性和3个内容相关能力因素所形成的矩阵中的12个板块,测验在限定时间内完成。具体的任务有些是现成的,有些是在现成的任务基础上加工而成,也有些是专门为了该测验设计的。每一个任务都只涉及1个内容因素和1个能力因素,这就形成了测验任务的双模态原则和该测验的积木式系统。所有任务都可归到图3矩阵的某个板块,表2展示了其中2个板块的一些任务示例。

由于结构清晰,人们认为柏林智力结构测验对于获取某人能力方面的不同信息非常有意义。

表2　柏林智力结构测验12个板块中两个板块的任务示例

操作速度板块——语言	
部分-整体任务	词表中先后出现的两个词有时存在某种关联，标出类似的情况
词汇分类任务	用T标出词表中所有动物名称，用P标出所有植物名称，既不是动物也不是植物的用X标出
创造力板块——图形	
装饰任务	用尽可能不同的方式装饰尽可能多的所示物品（花盆、领带）
续写符号任务	对以相同笔画开始的图案进行补充，尽可能画出多的、不同的真实物品
符号连接任务	用给定的四个单独的几何图案组合出尽可能多的、不同的图形

(3) 结构方面的缺陷

当然，这里详细介绍的智力测量方法不无缺陷。首先，每种测量方法仅仅对于它所依据的智力模型有意义，这一点我们在下一章再详细阐述。其次，不可否认即便依据了某个智力模型，某些测验也是有结构缺陷的。

测试批评家恩斯特·法伊（Ernst Fay）[8]就指出了一个有些可笑但却非常典型的小细节，例如韦氏成人智力测验中有个题目是"为什么法律禁止儿童工作"，按照评分规则，如果人们回答"儿童待遇太低，还给成人带来了劳动市场上的竞争"

会得到最高分2分,但正常合理的答案"让儿童工作会损害儿童身心健康"只能得到1分。但因为测试包含的题目很多,并不是所有题目都有这样的缺陷,所以总体来说上述缺陷当然不是特别严重。但正是这样有缺陷的问题让我们看到测验设计者的评判产生的重大影响,从而让测验作为一种测量工具受到质疑。这就引出了智力测验很大的一个薄弱环节,即大多数测验都会存在的文化局限性(Kulturgebundenheit)。

2 智力测验的文化局限性

正如刚刚提到的例子,在智力测验中总是问一些文化特定内容,而不熟悉西方文化的人很难或者根本无法回答(问题:什么是Heiermann?正确答案:面值5马克的硬币的口语表达方法)。这就是智力测验的文化局限性,尤其在追求实现机会平等的国家往往会导致问题产生。文化人类学家很早就担心这种测验只反映了对中等阶层城市居民生活背景的熟悉。如果问"什么是象形字",只有受过一定水平教育的人才能给出正确回答;而如果问"如果有人无缘无故打你怎么办",即便没有受过正式教育的人也能给出很聪明的回答。这个例子告诉我们,文化局限性不仅仅指不同国家之间的比较,也涉及同一社会的亚文化层面。

解决这个问题绝非易事，但仍有研究者迈出了第一步，他们不用与语言相关的测验，而用所谓的独立于语言之外（sprachfrei）的测验方法，也就是用图形或符号，比如找出所示图形或符号之间的关系，判断已有图形或符号组成的结构怎样继续发展或如何对其进行补充。图4展示了这种不通过语言去测试智力的一些例子。

但这种做法也只是部分地解决了问题。有什么理由认为这种抽象推理就是智力行为的核心决定因素呢？这是不是在含蓄表达什么是智力，什么不是智力呢？对于因纽特人来说，完成图形符号序列真的有那么重要吗？可以这样判断他们的智力水平吗？

这种对智力测验的批评本质上是对它所依据的对智力行为的理解的质疑。测试题提出的要求以一个有着冷静、有逻辑和理智行为的人为出发点，而将另外一种类型的智力完全置之度外，即较少强调理智、更多强调感觉的直觉性的智力．[参照第五章第4部分"情绪智力"（emotionale Intelligenz）]。同样，这类测试也没有考虑智力的社会因素，如一个人如何与其他人相处。

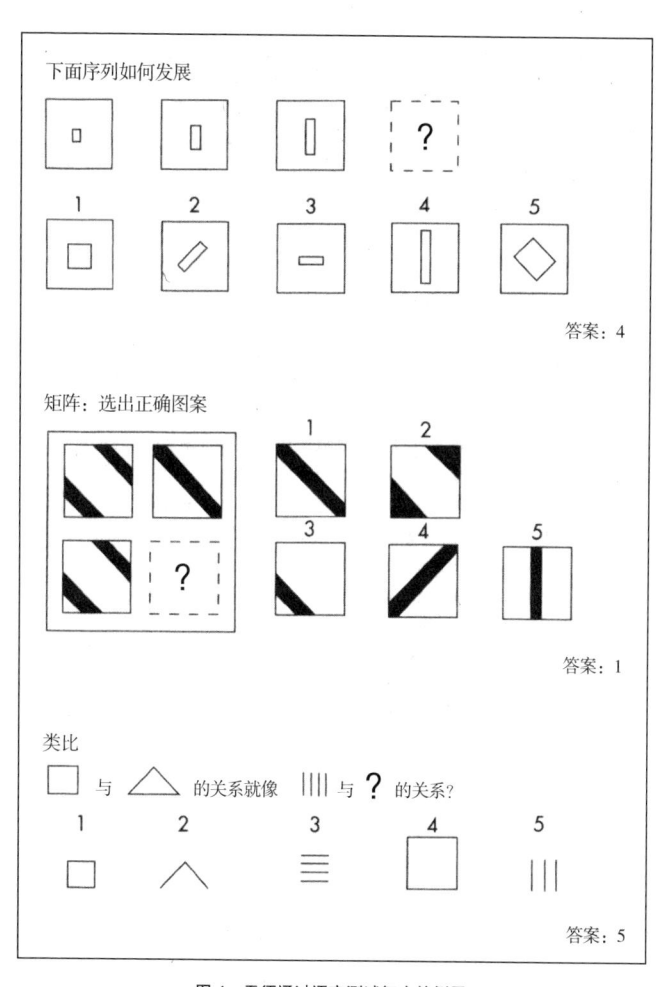

第三章 怎样测量智力，测量的是什么？

下面序列如何发展

答案：4

矩阵：选出正确图案

答案：1

类比

□ 与 △ 的关系就像 |||| 与 ? 的关系？

答案：5

图4 无须通过语言测试智力的例子

3 其他质疑

文化局限性并不是质疑智力测验唯一的角度,这里列举一些其他方面的异议。

(1) 测量的是现状(Status)还是潜力(Potential)

经典的智力测验测试到的首先是一个人当前的情况,而无法了解他的学习潜能,因为单纯数据上的智商值不能说明学习潜能如何。20世纪30年代,苏联心理学家利维·维果茨基(Lev Vygotskij)就提出应该发展一种与传统心理学的筛选目标不同的能够对"未来发展的可能性"做出预测的诊断学,去探明"下一阶段的发展空间"。朝着这个方向,人们在智力测验过程中针对任务的思考和解决给出了很多启示和帮助,希望了解完成任务的能力是否得到了提高。

智力现状测验展示的学生成绩和学习能力情况往往是负面的,所以一种以"学习测验(Lerntests)"(动态测验)著称的测试方法[9]就很有意义。但因为学习测验的题目和有效数据归根结底还是从传统的智力测验中来,所以并没有出现一种全新的智力诊断方法。

(2) 社会智力

上文我们曾提到，现行的智力测量方法多着眼于逻辑理性能力。1920年，爱德华·李·桑代克（Edward L.Thorndike, 1874—1949）就提出了"社会智力"的概念，指的是理解和领导他人的能力，以及总体上巧妙处理人际关系的能力。研究者使用各自的方法对社会智力进行测量，得到的结果总是与语言智力高度相关（关于相关性参见附录第1部分），让人们不断思考这些测验的效度（Validität，测验实际测量到了什么）问题。吉尔福特（Guilford）认为，社会智力指聪明的非语言行为的交际方式，他也提出了一个智力结构模型，将在下一章得到介绍。

从智力诊断学角度来看，社会智力这个领域的研究直到今天的发展也仍然不能让人满意。但这些能力却是企业评估中心（Assessment Center）重视的，他们一直在进行相关研究和测试，只不过不是用心理测量方法，而是基于观察者的判断，但观察者常常受到很多干扰因素的影响。[10]

(3) 操作方法上的质疑

传统测试理论的出发点是，一个实际测量的刻度值由两个不能直接观察到的因素组成，其一是真实值，其二是测量误差。设定多个题目，将所有题目的分值相加得到最终结果的测试方法都是基于传统测试理论。当然，我们可以采用一些数据计算方法估计误差大小，尝试尽量减小误差；在这一点上，传统测试理论一直努力尝试，但却总是受限于所测量的人群。一些新的基于概率的测试模型尝试进行不受测试人群影响的检验和不受操作方法影响的测量，但终究没有在测验建构方面带来根本性的改变。[11]

4 替代方案：复杂场景处理

20世纪70年代，有一个研究领域专门集中而深入地研究了智力诊断学的一个重要关键问题：研究人们如何处理困难问题，迪特里希·德尔纳（Dietrich Dörner，班贝格大学）和他的同事率先进行了这方面的研究。[12]

德尔纳的想法是，用计算机模拟复杂的场景，然后观察头脑简单的人如何面对所展示的问题。这种研究方向的目的是，关注实际情况，接近日常生活，同时避免已有智力诊断方法的缺点。计算机模拟呈现的场景指向一系列特征，这些特征被认为是研究巧妙解决问题的程序的关键。我们先举一个例子，再详细介绍这些特征。

最著名的一个模拟场景（虚拟的，只存在于计算机上）是Lohhausen（可音译为洛豪森）小城[13]。用计算机视觉模拟一个小城Lohhausen，被试担任这个小城的市长。小城有3372名居民，主要收入来源是钟表厂。饭馆、杂货、纺织品等生意一应俱全，银行、学校、幼儿园、游泳馆等设施都像真实的城市一样。被试作为市长独立管理城市10年，在实验室中模拟缩短为10个小时，其间要保证城市正常运转，居民安居乐业。市长可以调用小城的数据信息（例如失业人口数量、资本发展情况、居民满意度、住房需求量、生产等），采取措施改善城市总体情况（例如聘用或解聘员工、进行住房建设等）。与现实情况不同，模拟场景中市长没有同事和顾问提供咨询，只能依靠自己的能力。但是他的权力几乎不受限制，甚至可以随意改变当地银行的利率，调整小城钟表厂的工资。

这个问题以及其他类似复杂问题的复杂性首先在于变量多（Lohhausen小城有2000多个变量），这些变量共同存在于某一系统中，相互关联。其次，场景不透明，即操作者不掌握做出决策所需的所有信息。再次，变量之间相互关联，例如当对钟表的需求下降时，生产随即下降，失业人口增多，就会对市民满意度产生影响。然后，这个模拟场景本身有着内在活力：即便市长什么也不做，也会有变化发生。最后，场景具有多目标性：并不只存在一个目标，而是有多个目标，它们之间也许会相互矛盾（例如提高居民满意度、尽可能减少失业人口数量、盈利最大化）。

也有其他的一些场景模拟，它们在复杂性上各有不同。例如，制衣厂场景[14]，被试要领导一个早期资本主义的制衣厂，Sinus（可音译为西努斯）星球场景[15]，被试要扮演一位研究者，查明不同的非地球生物按照何种规律共同生存在陌生星球Sinus上。

那么，如果让没有受过训练的人面对这样的场景会怎么样呢？结果是，大部分"市长"可怜地以失败而告终，专业人士对Lohhausen小城研究的一项发现反应也很是强烈："市长"的成绩无法通过现有的智力测验结果得以预测。德尔纳的推断是：经典智力测验所依据的模型可能旨在估计学习成绩的发展（大多数测验在这方面被证明是可靠的），但是这些模型不能解释人们处理复杂问题的能力差别，这是由刚刚讲过的复杂问题的特点决定的。

经典智力测验为何不能预测最后的成绩呢？也许可以这样解释，在复杂的问题场景中，被试必须首先考虑一个理智的目标（例如作为市长，如何提高市民满意度），但在智力测验中，目标以一个明确的指令形式在制定题目时就给出了。只有在复杂的模拟场景中，自己独立制定并追踪理智的目标才成为可能，才可以研究被试在设计和完成一系列行为中的主动性作用。

还有一个原因：在智力测验中，所有信息都已经给出了，人们只要进行正确推理就可以了。但在复杂场景中，不是所有有用的信息都是现成的，被试首先要获取做出决策所需要的信息。而获取和加工信息的能力正是当今社会所重视的,所以在测量智力时,信息的获取和加工当然不可或缺,而经典的智力测验都没有考虑到这一点。

人们在复杂场景中还面临一个与经典智力测验根本性的不同,即时间的连续性:我现在的决定有可能带来我在或近或远的将来要面对的结果。也就是说,必须具备前瞻性思维,这也是高水平智力行为的一个重要特征。前瞻性思维在模拟场景中发挥着重要作用,而经典智力测验对这个角度也是完全没有涉及。

最后,我们再强调一下所谓的复杂问题。与传统智力模型背景下的直观的、简单的任务习题相比,新的任务解决研究框架下设计的复杂场景显然提出了其他要求。单单那些林林总总的变量就迫使被试要对整个场景形成自己的认识,这是后续一系列行为的基础。而这样的过程不是传统的智力测验必须具备的,因为它们仅仅以非常简单的方式考查了记忆和推理。

因为场景模拟接近现实的特点得到了大力宣传,它很快就被吸纳为"评估中心"的一种选拔方法,现在很多公司企业用它选拔和培训员工。其间也曾出现过一些场景模拟的新建议,但它们在合理性和操作性上都有待商榷,只有极少数建议经受住了测试理论的考查。[16]在这一点上,经典智力测验仍有其优势。

当然,复杂场景模拟并不是研究高水平智力行为的万能工具，这种方法也遇到了方方面面的问题，在此无法深入探讨了。但可以确定的是，复杂场景模拟所依据的智力模型对智力行为的理解比本质上仅限于普通教育和逻辑推理的测验更加全面。关于人们处理复杂问题的能力和他们的测试智力之间的关系我们将在第八章详细阐述。

第四章　传统智力模型

我们已经多次提到智力模型。一般来讲，智力模型指在相应测量方法的建构过程中发展起来的对智力的理解方式。

首先要介绍一些较早的智力模型，虽然有些已经与今天的科学发展水平不相符，我们还是要了解一下，因为没有这些一步一步的积累，我们不可能走到今天的水平。

这一章我们会使用因子分析（Faktorenanalyse）这个数学模型，推荐没有相关知识储备的读者先阅读介绍因子分析基础知识的附录第2部分。

1 单因素模型：智力作为整体构造

一种最简单的理解是智力是一种整体性的、匀质的能力，但就这种能力的组成或结构却没有给出继续的说明。这对智力的测量就意味着要确定一个整体智力值，不再做细化的区分。

这种单因素模型（Ein-Fraktor-Konzeption）就是比奈量表（第二章第4部分）的基础，可将其与"阶梯式模型"对比：作为研究对象的儿童在这个匀质量表上达到了某一水平，可将其与儿童的年龄进行比较。但进一步的研究用这个模型就不能做了。

2　智力二因素论

1904年，查尔斯·斯皮尔曼（Charles Spearman, 1863—1945）提出了颇具影响的智力二因素论（Zwei-Faktoren-Theorie）[1]，让人们对智力的进一步区分性研究成为可能。他区分了智力的一般因素（与比奈类似）和特殊因素，特殊因素负责解释不能用一般因素解释的智力组成部分。

斯皮尔曼曾经在莱比锡师从于冯特，和费利克斯·克吕格尔（Felix Krueger）[2]一起将以数学的方法确定两个测验间关系的相关性计算引入了心理学研究。通过相关性计算（参见附录第1部分），克吕格尔尝试证明1904年就已提出的假设，即智力包含一个普遍的、一般的智力因素和一系列特殊的能力，它们与这个一般因素的关系以及它们之间的关系都相对独立。斯皮尔曼发现，当用两种测验测量同一组较大数量的被试的智力水平时，两种测验的结果几乎总显示出较大相关性。于是他推断，两种测验测量到的不是没有关联的智力特征，否则的话就不会显示出相关性了。所以他认为所有的智力测验的任务都基于一个共同的、一般的智力因素（用g表示"一般"）。除此之外，还有特殊因素在起作用（用s表示"特殊"），它们只在特殊的范围内有效。一般因素是所有智力行为的中心组成部分，所以用它能评估一个人的智力水平。图5展示了这种模型对智力的理解。

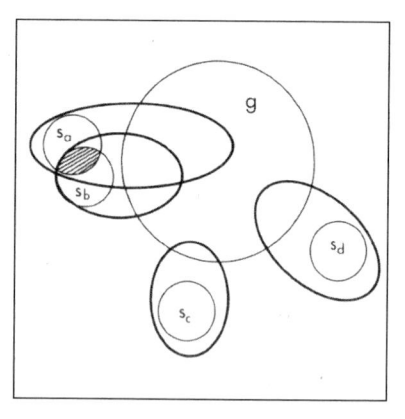

图5　智力二因素论：除了一般因素g，还有特殊因素a、b、c和d的参与

从图5可以看出，特殊因素以及一般因素在智力行为中的参与度因人而异。另外，特殊因素之间也有可能具有相关性，所以有了"组内因素"（如语言理解、空间想象等）的假设，用于解释相关联的特殊因素。

这种智力模型的本质决定了智力测量方法尽可能去选择一

般因素参与度高的量表，著名的瑞文测验就依据这个原则。

为了证明一般因素的存在和重要作用，斯皮尔曼起初使用的是相关性计算，后来与很多继他之后的智力研究者一样开始使用因子分析（更多参见附录第2部分）。在他的研究之后，所有测验在本质上都落脚于一个唯一的因素。根据二因素论，a、b、c和d 4个测验的任意组合测量到的ac和bc之间的相关性都应该与ad和bd的一致，但这在实际上是站不住脚的。[3] 所以，又出现了其他智力模型。

3 多因素论

1938年，来自芝加哥的路易斯·列昂·瑟斯顿（Louis Leon Thurstone，1887—1955）提出了智力多因素论 [Multiples Faktorenmodell，也称为群因素模型或基本因素模型（Primärfaktorenmodell）]。

在依据二因素论剥离出一般因素后，数据还总是显示出一些重要的、有待解释的成分。基于这样的观察，瑟斯顿建议用一个包含多个不同的、相互独立的因素设想代替唯一的一般因素模型。图6用一个假设的例子展示了这种模型思路。

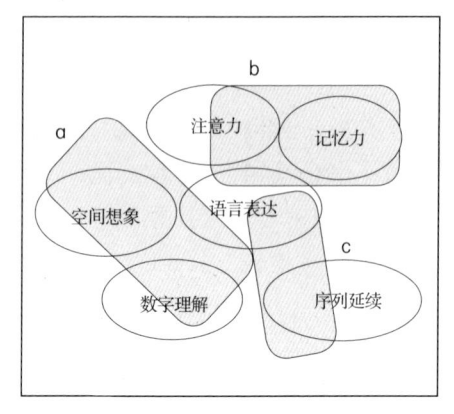

图6 多因素论模型

由图6可见，不同的测验量表（图中的a、b、c）分别对应不同的因素。一个测验量表也可能不同程度地涉及两个或更多因素。在设计测试方法时，应该让一个量表尽可能主要涉及一个因素，并尽可能少涉及所有其他不重要的因素。

从实践角度来看，瑟斯顿的理念有一个不可低估的优点：按这种理解，智力行为是多个、彼此独立的因素共同作用的结果——这样对一个人的智力进行细分性的描述就成为可能，而这在传统的二因素论框架下还是行不通的。

瑟斯顿假定了7种基本因素，它们也得到了其他研究者的证实，具体是：①语言理解力，领会词汇意义；②词汇流畅，轻松找到恰当的词汇；③推理思维和发现规律的能力；④空间想象能力；⑤记忆力，短时记忆能力；⑥计算能力；⑦感知和理解速度。但这个模型在前面一章提到过的成绩测试系统和维尔德智力测验中却不那么成功。

斯皮尔曼是英国人，瑟斯顿是美国人，之所以提及他们的国籍，是因为他们创建了英国和美国的智力研究传统。在讨论他们两个人的智力研究时，人们关注到了被试群体的效应：斯皮尔曼的研究对象没有经过筛选，智力水平跨度大，这使得他找到了一般因素的作用；瑟斯顿的研究对象是经过挑选的大学生，这样他的注意力就被牵引到了特殊因素上，因为在相似的智力水平上，人与人之间的差别更多的就是特殊因素的差别了。从这个角度来看，斯皮尔曼和瑟斯顿两人提出的智力模型以及进行的研究之间的差别意义就不大了，至少它们不是直接矛盾的。

4 流体智力和晶体智力理论

斯皮尔曼的学生雷蒙德·卡特尔（Raymond B.Cattell）继续研究和修订了二因素论，在1957年提出了流体（fluid）和晶体（kristallin）智力理论。他从两个相互关联的次级因素Gf因素和Gc因素出发（f代表流体，c代表晶体，G代表两种因素的普遍性），之所以叫次级因素，是因为它们以一些测量值的因子分析为基础,而这些测量值显示的是一级因子分析的结果(关于因子分析参见附录第2部分),即在彼此相关联的因素基础上形成的彼此不相关的因素。

流体智力指不受个体学习影响的因素,基于大脑生理进程遗传而来的良好运转,晶体智力指受环境影响的、本质上基于个体的学习经历的因素。

表3展示了现行智力测验量表与流体和晶体智力因素的对应关系。

表3:现行智力测验量表与霍恩(Horn,1968)提出的流体与晶体智力因素的对应关系[4]

测验量表	流体	晶体
形象关系	++	0
记忆范围	++	0
归纳推理	+	0
问题解决	+	+
语义关系	+	+
形式思维	+	+
数字处理	0	0
经验判断	0	+
语言理解	0	++

备注:这些值引自霍恩(Horn,1968),展示了各项测验在两种因素上的因素负荷情况。++:负荷≥ 0.50;+:≥ 0.30且< 0.50;0:< 0.30

基于该智力模型的一种测验方法叫CFT（基本智力测验），首先应用于学校中。

依据卡特尔的流体和晶体智力模型，柏林马克思·普朗克教育研究所的保尔·巴尔特斯（Paul Baltes）和同事区分了知识相关的语用智力和非知识相关的机械能力。机械能力在一定程度上与硬件关系密切（因此会随着年龄的变化而变化，参见第七章第3部分），并且包括信息处理的基础过程，它可以显示人们之间基因上的不同，本质上被视为是具有普遍性和与内容无关的；语用智力指事实性和程序性知识（事实性知识：帕尔马是马略卡岛的首都；程序性知识：骑自行车的技能），内容丰富且与文化相关，能显示出人们之间与经验相关的区别。

5 智力三维结构模型

1956年，吉尔福特（J.P.Guilford）提出了智力三维结构模型（Würfelmodell der Intelligenz），它不是源于寻求一个一般因素或多个基本因素，而是明确表示以大量的、不同的、彼此独立的具体因素为出发点。吉尔福特观察到，有关智力测验相关性所发表的大量研究中，大约四分之一的相关性是没有意义的，于是他得到了这样的启发：并不是一般性的因素在起作用，而是独立的、彼此间很少相互关联或者根本毫不关联的因素在起作用。吉尔福特的模型字面意义上叫立方体模型，之所以叫这个名字，是因为立方体有三个界面，代表了三个维度：①操作（认知、记忆、评价、辐合性加工、发散性加工）；②内容（图形、符号、语义、行为）；③智力行为的产品（单元、门类、关系、系统、转化、含义）。这样，由以上5种操作因素、4种内容因素和6种产品因素相乘，共将这个色子一样的三维空间划分成了120个小格子，即120种因素。1971年，吉尔福特已经识别了其中的98个因素。图7展示了这种三维结构模型。

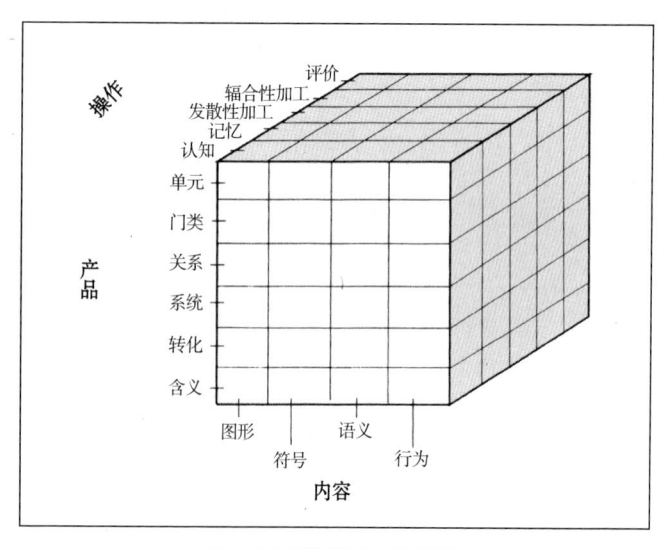

图7 吉尔福特的智力三维结构模型

在较新的一版修订中，这个三维空间甚至发展出了150个因素，其中图形内容又被分成了听觉内容和视觉内容。

这个三维结构展示的系统不是由因子分析得来的，而是通过直觉的、逻辑思维的方式确定的，所以从根本上与因子分析得到的智力模型不同。已经存在的测验量表中"词汇理解"或"图片排序"都能对应到三维空间的一个小格子里，例如"词汇理解"对应"认知—语义—单元"，"图片排序"对应"评价—图形—关系"。

吉尔福特称这种方法是尝试对智力结构进行系统性的描述，尽管第一眼看上去这种尝试很有意义，但越看它也越有问题。这些真的是都得到了实证的因素吗？这些因素是均衡分布的吗？它们同样重要、同样有用吗？不可否认，这个模型帮助我们认识了单个的、具体的因素，但要深入理解智力还需要做更多的工作。批评家们质疑这个模型对所涉及因素的处理方式在一定程度上很不真实，对这些因素的剥离和肢解也脱离了现实。即便对这种结构的实证性确认也有缺陷：很多具体的因素根本没有被证明是更广泛因素的重要组成部分，或者仅仅被证明是高度相关的组成部分。直至今日，仍没有一个标准的研究各个不同因素的测试方案。

6 因子分析智力模型的问题

从20世纪30年代以来,因子分析作为一种将多个具体变量简化成少数基础性(潜在)因素的方法带来了心理学研究方法论发展的巨大飞跃。以往哲学导向的能力心理学是基于抽象推测来假定不同能力的存在,而因子分析提供了进行基础因子分析(基于不同测验任务相关性研究)的实证方法。因素是明确的数学量,它们将我们观察到的变量的复杂性浓缩到一个坚硬的内核——但我们不能将这个数学量就看成是现实情况。

因子分析者的操作方案,即用因子分析得到的若干基础能力描述标准变量的多样性,和为测量这些基础能力设计的"纯因素"测验方法,这听起来异常具有吸引力。不幸的是,大部分的方案也就仅仅停留在了方案层面。一方面原因是,在过去的50年里,基本因素的名单越来越长,越来越细化,就像粒子物理学对粒子的不断切分——所以,我们至今仍不清楚构成智力的最小单位是什么。另一方面,至今没有看到这样的细致划分能够满足我们最早对智力研究怀揣的期待。恰恰相反,怀疑却越来越多,人们质疑传统智力理解模型在诸如预测职业成功或预测处理难以做出决定的场景的能力等实践中究竟是否具备可用性(Brauchbarkeit)呢?

第五章　现代智力模型

本章我们将介绍3种较新的智力理解模型，它们与前面介绍的模型不同，与因子分析结果没有直接关系。这3种模型是，艾森克（Eysenck）的智力理论、斯滕伯格（Sternberg）的智力三元论和加德纳（Gardner）的六元智力理论。最后，我们再介绍一下情绪智力。

1 艾森克的智力理论

在英国工作的心理学教授汉斯-尤尔根·艾森克区分了智力的三种基本类型：生物学智力（biologische Intelligenz）、心理测量智力（psychometrische Intelligenz）和社会智力（soziale Intelligenz）（图8）。这三种基本智力类型决定了个体差异，也与遗传息息相关。

因为生理学、生物化学、神经细胞和荷尔蒙方面的进程是智力行为所必需的，所以艾森克将生物学智力视为最基本的，并认为可以用脑电图（EEG）、心理电反射（PGR）或测定反应时（RZ）的方法进行直接测量。

第五章 现代智力模型

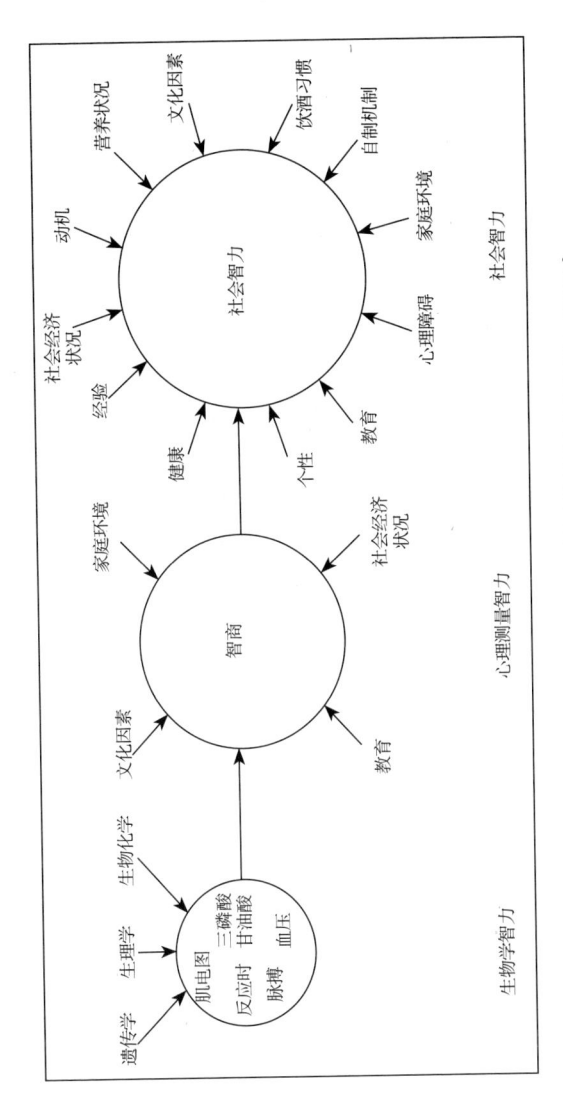

图 8 生物学智力、心理测量智力和社会智力的关系（参见艾森克，1986）[2]

心理测量智力要通过智力测验进行测试，它主要受生物学智力的影响。此外，文化因素、家庭环境、教育和社会经济状况都对其有重要影响。

艾森克将智力水平差异主要归因于生物学原因，但这个观点饱受争议。[1]艾森克认为他的观点得到了大脑生理学方面的发现的证明。因为某些特定的、能用脑电图测量的大脑皮层的活动机制或者神经传导脉冲的速度看起来与智商的高低是有关系的。

2 斯滕伯格的智力三元论

美国心理学家罗伯特·斯滕伯格（Robert Sternberg）[3]将智力理解为从经验中学习和适应环境的能力。他的智力理论融合了智力的三个角度。第一，智力和内在世界的关系，也就是和个体的资源和理解之间的关系。这里关注信息处理所要求的成分（成分亚理论，Komponentensubtheorie）；第二，智力和经验的关系（经验亚理论，也叫双面亚理论）；第三，智力和外在世界的关系（情境亚理论）。

成分亚理论着眼于对信息处理至关重要的具体成分，关注诸如"哪些精神层面的活动是解决问题所要求的"或"我们为什么有能力获取知识"等类似的问题。斯滕伯格区分了三种重要成分：①元成分（Mentakomponenten）：指问题解决的规划、监督和评价所要求的过程（如检验是否达到了解决目标）。②执行成分：指执行元成分指令的较低一级的过程（如明确现状和目标的差距）。③知识习得成分：指控制调节学习和知识获取的过程（如牢记待实现目标的情况）。

所有的成分都由不同的过程组成。例如，知识习得成分包括有选择性获取信息的过程，信息整合和比较的过程：如果要学到新知识，必须先将重要信息从不重要信息中剥离，然后将挑选出的信息和已掌握的信息进行比较，将其正确地归入知识系统。这些成分是基本的处理信息的过程，在不同文化里都发挥着作用。每个人都在不同程度上拥有这些成分，智力测验里的任务题目就是要探明这些不同。

经验亚理论或双面亚理论研究经验如何与上述三种成分共同产生效果。一方面，智力应该是对待新要求、解决新问题的能力，另一方面，智力也是将信息处理过程自动化的能力。新问题和自动化正处在整个过程开始和结束的两端。读、写或开车对西方文化里大部分成人来说是自动化了的过程，只投入很少的注意力就可以了。但最开始的时候，这个过程也是要从头开始学的：小学新生的读肯定还没有达到自动化的程度，他们需要逐个字母地进行解码，仅仅这个过程就要求他们投入巨大的注意力，以至于内容上就可能读不懂了。随着持续的练习，这个受监控的处理机制慢慢就发展成自动进行了，对内容的理解也成为了可能。

在解决新问题的能力和行为过程自动化之间应该存在以下关联：假设两个有同样经验的人要面临同样一个新问题，那么更快速解决问题的那个人应该更聪明。对新环境适应得越快，留给自动化的余地就更大。这样来看，新问题和自动化是相互影响的，即在一方的效率越高，留给另一方的余地就越大。所以，智力测量方法应该顾及自动化能力和解决新问题能力这两方面。

情境亚理论认为必须在文化场景中观察智力。它尝试阐明人如何影响环境，如何适应不同环境，如何创造新环境。它关注日常实际问题的解决，关注一种"社会"智力。从这个角度出发，在某个文化中被视为智力水平高的人在另一个文化中完全有可能被视为愚蠢。人们甚至不用前往不同文化层面，就可以理解必须在相应环境里看待智力行为。某一社会群体追寻的目标和以此为导向进行的行为（例如公司老板）不一定与本文化里另一群体（如公司员工）的目标一致。因此，不同文化群体间的比较或者不同社会经济阶层间的比较不能仅仅在传统智力测验结果的基础上进行。

情境亚理论常常备受指责，认为它让一切东西都具有了相对性，原则上要像有那么多文化或场景一样，也要有那么多的智力理论。但这种批评不是针对斯滕伯格的整个理论，因为另外两个亚理论也关注到了人类智力有普遍性的那些方面。

3 加德纳的六元智力理论

斯滕伯格强调不同的智力因素如何协同产生效果，与他的出发点不同，美国的霍华德·加德纳（Howard Gardner）认为不同的智力形式是相互独立的。1983年，他出版了《智力的结构》一书，书中他提出了6种不同的智力。[4]除了①语言（sprachlichen）智力、②逻辑数理（logisch-mathematischen）智力和③空间（räumlichen）智力这三种其他研究者也极为重视的智力，他还提出了另外三种独立的智力，即④音乐（musikalische）智力、⑤运动（motorische）智力、⑥人际（personale）智力。

我们首先解释一下这6种智力分别是哪些任务所需要的：

（1）语言智力是针对语言理解、写作、演说和阅读的任务要求的。

（2）逻辑数理智力要用来解决数学问题、进行逻辑推理或完成数学证明题。

（3）空间智力比如是看地图所要求的，或者将很多行李尽可能巧妙合理而又节省空间地装入汽车后备厢。在此，空间想象能力至关重要。

（4）音乐智力对例如编排一首奏鸣曲或者演奏乐器是不可或缺的。加德纳认为音乐智力比逻辑数理智力更重要，因为逻辑的、自然科学的思维无异于文艺复兴伊始西方世界的某项发明，在发明这个事情上，全世界哪怕是今天也只有很小一部分思想家参与其中。但文学、音乐和表演艺术几千年以来都在广泛传播。

（5）加德纳将运动智力理解为对身体活动的控制和对物件的熟练操控能力。优秀的舞者和运动员都拥有很高的运动智力。

（6）人际智力指与别人相处的能力。加德纳又区分了自知自省智力和交往交流智力。自知自省智力（intrapersonale Intelligenz）指的是一个人察觉自己的情绪和理解自己行为的能力。交往交流智力（interpersonale Intelligenz）指觉察他人情绪、动机、意图和性格差异的能力。

后来，加德纳在上述不同智力的基础上又补充进了一条"博物学家的智力"，指的是对生物进行观察和分类的能力，并对自然现象形成一定敏感性的能力。他认为还有一种潜在的独立的智力，但还处在验证阶段，即"存在智力"（existentielle Intelligenz），指的是对关乎存在的根本问题的理解和思考。

为什么加德纳偏偏聚焦了以上几种独立的能力呢？根据他的观点，一个能力若要被视为独立的智力，需要表现出以下7个特征中的若干个：

（1）一种智力能力应当位于大脑的某个区域。如果某个特定脑区受到损伤，就会造成位于这个脑区的能力丧失，但其他能力还是完好无损。例如，头部受伤造成某人的数学逻辑思维能力丧失，但所有其他智力，如语言能力或空间想象能力等都没有受到影响，这就证明了数学逻辑思维能力的独立性。与此类似，也有特定的大脑损伤造成了运动能力受损，而没有影响到其他智力，这也证明了运动智力的独立性。

（2）应该存在这样的人，他们在某个特定的智力领域拥有超乎寻常的特殊天赋（Spezialbegabung）（如音乐或数学天才），但在其他领域却表现一般，甚至低于平均水平。比如所谓的"智障学者"（Idiot-Savants）在某个领域，如音乐或计算，拥有超乎寻常的天赋，但智力却处于低下水平（参见第八章第6部分）。也有运动智力（Bewegungsintelligenz）水平尤其高的人，比如运动员、舞蹈家或演员，他们必须拥有细致的观察能力和用精细流畅的动作表现情节的能力。

（3）一种智力能力应该遵循某种可以界定的发展历程，而且这种发展历程对所有人来说是相似的。例如，运动智力的发展顺序对所有人都相同，在所有孩子身上都能观察到这一系列运动行为：躺、趴、爬、走，直至1岁左右真正会走。作为语言智力基础的学说话也有固定的规律。

（4）在人类进化过程中，一种智力的特定发展模式也意味着它是一种独立的智力，而且它的发展体现了对环境更好的适应。这样我们可以推测，识别空间方向能力的进化是与直立行走一起开始的，让在草原和热带稀树草原上更好地生存成为可能。

(5) 如果某种智力是完整独立的，那么应该存在对它来讲至关重要的具体的、单个的程序，或者这些程序组成的一系列机制（例如在不同声音序列中找出有亲缘关系的声音的能力）。

(6) 智力的独立性应该通过恰当的实验得到实证证明。以空间智力为例，它在谢帕德（Shepard）和梅茨勒（Metzler）著名的"思维旋转（mentalen Rotation）实验"中就得到了诠释。

(7) 一种独立的智力特别适合融入到一种符号系统（语言、数学、音符）或文化形式框架（话剧、运动、舞蹈）里。

加德纳认为，前面所讲的六种智力都具有这里的大部分标准特征。

4 情绪智力

丹尼尔·戈尔曼（Daniel Goleman）1995年[5]在一本畅销书中指出人们一直以来忽视了所谓的情绪智力，传统的智力模型都没有涉及情绪智力。戈尔曼对情绪智力的重视将情绪推到了对生活至关重要的能力的中心。情绪智力包括一系列能力（参见戈尔曼，1996年的德语译本，第54页）：自我激励、在失望中也继续坚持；压制冲动、延迟奖励；控制自己的情绪，避免痛苦吞噬掉思考能力；换位思考和怀揣希望的能力。

情绪智力的概念是彼得·沙洛维（Peter Salovey）和约翰·迈耶（John Mayer）[6]在1990年正式提出的，他们的研究工作也为戈尔曼提供了基础。他们划分了情绪智力的五个方面：

自我情绪认知。对自身情绪的感知是情绪智力的基础，包括对自身情绪状况的持续观察和对自身情绪状况的变化做出敏感反应的能力。

管理情绪。指以正确的方式处理自身情绪。例如当恐惧、抑郁、焦躁出现时，应该尽可能快地摆脱这些情绪。总之，要掌控好自己的情绪。

将情绪转化为行动。指的是将特定情绪（如涌流境界[7]）有成效地转化为成功的行动。

移情。指认识他人情绪的能力，这是所谓知人之明、知人善任的基础。有移情能力的人能够发现并辨认一些隐蔽的反映他人情绪状况的信息，并对其做出反应。

关系的处理。与他人有良好的关系其实意味着能够处理好他人的情绪。能做到这一点的人，不仅受欢迎，而且在领导能力和人际关系处理效率方面都表现得很好。

当然，我们不能像纯粹认知导向的智力理论那样片面地去理解毫无感情的精神生活，但是否应该像戈尔曼把情绪智力放在优先地位那样如此强调情绪能力对一个人的作用，我们也应该敢于怀疑。更理智的做法是赋予情绪智力应有的、恰当的重要性,正如加德纳的智力模型:他在六元智力模型中明确提到了"人际智力",指的就是处理自身和他人情绪的能力。那么很显然,情绪智力只是一些同等重要的智力类别中的一个。

第六章　永恒的争论：遗传与环境之争

在科学史上遗传与环境之争已有数百年之久，就遗传等特质究竟在何种程度上是天生的抑或是后天的这一问题，衍生出不同思想流派。若人们持遗传决定论，那么任何促进个体发展及训练某种特质的手段或措施都似乎是时间和金钱的浪费。[1]相反，如若人们相信环境决定论，则可以通过改变环境来影响个体发展从而相应地"塑造"[2]该个体。

"智力"这一特质在此争论中扮演重要角色。众多有关遗传与环境之争的研究都将该特质纳入其中，并以此甚至仅仅以此来佐证其论点。

1 双生子研究的结果

双生子研究（Zwillingsstudien）在探究智力等某种特质的遗传性方面起重要作用。该研究的出发点即是，同卵双生子所具有的相同基因的数量为异卵双生子的两倍之多；在绝对遗传情况下，其智商的相关性也理应是异卵双生子的两倍之高。此外，共同成长的双生子与出生之后分别在不同环境下长大的双生子之间的差异也同样耐人寻味。

对在不同家庭成长的同卵双生子所进行的特殊研究似乎能证实遗传决定论。由于同卵双生子具有相同的遗传基因,因此其所有的不同都应归结于环境差异。在此不得不提的是西里尔·伯特[3]的研究,他曾试图通过证明在出生之后即被分开的同卵双生子之间仍存在极高的智商相关性来证实其遗传智力论。据说他为此研究了53对同卵双生子。莱昂·卡明(Leon Kamin)[4]至今仍在检验西里尔·伯特的研究工作,他第一个提出,在西里尔·伯特的研究中,双生子样本从20增加到50以上的过程中并未出现相关性程度的改变。而且小数点之后的3位数字竟然相同,这一点也令人难以置信。更有其他调查也披露了更多漏洞,例如根本就不存在所谓为伯特搜集加工数据的助手。此外,他所报出的一些相关性过高,同样不具有真实性。再者,每对双生子并非分散在社会各阶层,事实上一半以上双生子都在同等或相邻阶层的家庭中成长。

现如今美国心理学家托马斯·布沙尔(Thomas Bouchard)及其同事[5]致力于遗传与环境影响的研究。他们同样研究了在不同家庭成长的同卵双生子的个性与智力。

表4展示了不同亲属关系及不同教养环境下智商之间的相关性。

该表表明,实际上同卵双生子的智商相关性高于异卵双生子,父母–子女的关联也未因教养环境的不同(即他们是共同长大还是分开长大)而改变。此外,养父母与孩子之间的相关性最低。以上所有发现都证实了遗传因素对智力的影响。但以上发现仅仅表明了该群体中的差异有多少是天生的抑或是后天的。假设我们想象存在一个"卡斯帕尔·豪泽尔"(Kaspar Hauser)类型群体(不学习语言、不接受教育、不进行启发等),那么尽管遗传因素对智力有影响,但这种情况下环境因素的影响几乎能够完全解释(极低的)智商(IQ)值——这同时也说明,在处理该类数据时务必要谨慎。

表4 智商相关性——不同亲属关系及教养环境

人际关系	教养	基因相似性	相关性
相同个体	—	100	0.87
同卵双生子	共同	100	0.86
异卵双生子	共同	50	0.62
兄弟姐妹	共同	50	0.41
兄弟姐妹	分开	50	0.24
父母-子女	共同	50	0.35
父母-子女	分开	50	0.31
养父母-子女	共同	未知	0.16

注:数据源于亨德森(Henderson,1982)[6]

2 遗传与环境之争的影响

遗传与环境之争在过去（或许至今仍然）对日常生活有极大影响：遗传决定论的拥护者之一戈达德在20世纪初即大力提倡对移民进行智力测验，其目的正是筛除智力低下者。大部分犹太、意大利以及俄罗斯移民被判定为"低能"（中等程度智力低下，IQ值处于50~60），因为该测验是以美国白人为基准的。

另一著名案例则是纳粹在1933—1945年利用遗传智力论，对婚姻和生育进行监管，并利用此理论制造伪科学证据来实施其蔑视人性的安乐死计划。此外，进行生育控制的案例还有1924—1972年美国某些州实行的强制节育举措。类似案例于瑞典同样有所发生。

来自伯克利的阿瑟·詹森（Arthur Jensen）在20世纪60年代末声称，遗传基因决定美国黑人的智商低于白人。事实上虽然黑人在智力测验中成绩较差，但主要原因则在于该测试是为白人量身打造的。

遗传论的另一重要影响则是1979年于埃斯孔迪多所建立起的精子库，该精子库里存有至少三位诺贝尔奖获得者和其他著名研究学者的精子。利用其精子理应产出高智商孩子。[7]然而该"优生计划"（Eugenik-Programme）的伦理问题却不容忽视，现如今已引发公众讨论。

第七章　智力的发展

在这一章我们首先描述一下著名儿童心理学家让·皮亚杰著名的智力发展阶段概念。由于这不是和成人的智力发展相隔绝的，因此，随后我们还将阐释一下对人一生（über die Lebensspanne）的智力发展的理解。最后我们还要介绍人们在晚年时期的智力情况——这通常被称为"智慧"。

1 皮亚杰的智力发展理论

瑞士心理学家让·皮亚杰（Jean Piaget，1896—1980）的科学研究生涯早在其10岁就开始了。他的第一篇"发表文章"在当地一家杂志刊登出来，这是一篇关于他在家乡（瑞士）纳沙特尔对一只白化症麻雀进行观察的文章。高中毕业之后，他进入大学学习动物学，并在22岁攻读博士学位，博士论文是关于瓦莱州的软体动物的研究。在学习动物学之余，他还对哲学、社会学的一些课题很感兴趣。有时候他也会去比奈的实验室进行研究工作。在这里，他尤其对儿童在解决智力测验任务中所犯的错误产生了极大的兴趣。皮亚杰认为，正是这种错误能大大推动有关儿童智力发展的研究。他写了大量的书籍并发表了几百篇论文，都是关于他对儿童智力发展的研究。在本节当中，我们简单地介绍一下皮亚杰提出的儿童认知发展理论。

皮亚杰从智力发展的四个主要阶段出发，同时又将这四个主要阶段进行细化。这四个主要阶段分别为：感知运动阶段（Sensumotorische Periode）、前运算阶段（Die Periode des voroperativen Denkens）、具体运算阶段（Die Periode des konkret-operativen Denkens）和形式运算阶段（Die Periode des formal-operativen Denkens）。从一个阶段发展到另一个阶段主要是根据"平衡法则"（平衡）对儿童进行研究。在某些情况下，儿童正巧碰上了一些环境给定条件，这些给定条件和其已经存在的认知模式是相吻合的。这样他就处于一种平衡状态。有时会出现这种情况，即：这些给定条件和其已经存在的认知模式并不相吻合，随即引起了认知的不平衡。为了能让儿童再次回到平衡状态，需要孩子对这种机制进行适应。这种适应总是包含两个方面：一是有机体改变行为，以此来适应环境的要求（调节，Akkomodation）；另一个是让环境改变，以与个体的能力、需求相一致（同化，Assimilation）。

（1）感知运动阶段（0~2岁）

根据皮亚杰的观点，这个阶段主要又分成了以下6个阶段。

第一阶段（0~1个月）包含的是对这种生来就存在的反射机制的练习。早在最初的反射中（比如吮吸、抓、吞咽反射）皮亚杰断定婴儿具有调节适应功能，这使得其适应环境成为可能：是用瓶子喝奶还是喝妈妈的奶，新生儿能够对这种情况做出判断并进行吮吸调节。与此同时还显示出了对环境的同化：通过对不同物体进行吮吸，婴儿能够判断出哪些吮吸是为了好玩的，哪些吮吸是为了获取营养的。

第二阶段（1~4个月）主要是通过初级循环反应（Kreisreaktion）而得以划分出来：婴儿会重复那些能带给他愉快结果的行为。一些典型的行为如"吮吸"、"抓"或者"看"，这些动作会运用到更多的物体之上。在这一阶段结束期，婴儿第一次学会了对不同活动进行协调。在这里，特别是"看"与"抓"的协调很重要。当然这种协调的可能性一开始还是十分有限的，因为婴儿需要同时看到自己的手和用手抓住的物体。

直到第三阶段（4~8个月），也就是二级循环反应阶段婴儿开始抓住那些他看到的物体，在这个阶段，他不用同时看到自己的手和被抓住的物体。和初级循环反应阶段不同，二级循环反应阶段并不会直接对感觉中枢产生刺激。婴儿会越来越多地面向外部世界。第一阶段婴儿主要将注意力集中到自身（如吮吸、抓等），同第一阶段不同，第二阶段他主要对身体之外所产生的影响感兴趣（如拨浪鼓的声音）。同第一阶段相同的是，二级循环反应阶段也是偶然得来的。因为这种偶然得来的感觉使人愉快，所以婴儿尝试着重复这种行为。婴儿发现，特定的行为方式会带来特定的结果。这样就产生了"有意识"行为的雏形。皮亚杰认为，这种意向性是智力行为的主要标准之一。婴儿练习这种能达到自身目标的行为越频繁，这种意向性就越明显。同时，这种行为方式和真正的目的行为被进行显著地区分。皮亚杰将这种行为方式命名为有意识行为的"雏形"，是因为在这一阶段，婴儿还并不具备预见特定目标并寻求达到这种特定目标而采取一定方式的能力。这一阶段的这种行为还是偏向于动作的重复，并不是真正的调节和适应。

在第四阶段（8~12个月），也就是在对已获得的行为模式（Handlungsschemata）进行协调（Koordination erworbener Handlungsschemata）的阶段，婴儿展现出了越来越多的有目标、有目的的行为。他开始学会协调，并将越来越多的行为模式系统地运用到一个目标上去。对不同行为模式进行协调的一个可能原因就是：比如说他为了一样东西而对障碍进行扫除。皮亚杰曾举例写道，为了拿到想要的一样东西，他的儿子劳伦特一直到7个月才能够将障碍物往旁边推："在劳伦特整6个月的时候，我让他拿一个火柴盒，同时我将手交叉以此来对他造成障碍，劳伦特尝试着越过我的手或者绕过我的手来拿火柴盒，但是他却没尝试着将我的手推开……后来到他整7个月的时候，他终止了这种行为，开始采取直接的方式扫除障碍，以此来拿到他想要拿的东西。"这种将不同行为模式进行协调的第二个重要变体即是：为了拿到目标物而对事物（比如棍子、绳子等）的运用。[1]

第五阶段（12~18个月）则进入到了三级循环反应。通过积极的实验，婴儿在这个年龄段发现了新的行为模式。同初级和二级循环反应相类似，他尝试着重复一些能带来特定效果的行为，但同第一阶段与第二阶段的显著不同在于：这种重复是有系统地发生变化的。例如，婴儿会系统性地尝试着扔球这个动作：用双手扔或者用单手扔，或者改变不同的高度来扔球。通过这种实验，婴儿能发现实现目标的新方式。在这一阶段，婴儿这种对工具的使用行为得到发展，使用程度得到加深。

在第六阶段（18~24个月）婴儿开始发展这种能力，即：想象事物并能在精神上对其进行实施的能力。自婴儿第二年的中期开始，他能够在大脑中设想出一个行为所带来的后果。实际行动不再是十分必要的了，因为这种行为通常能够在精神上得以执行。在这个年龄段，婴儿也学会了认识符号和单词，这样，即使一件事物并不在他眼前，他也能靠符号和单词联想出来。一个婴儿会运用符号的暗示即是这种延迟模仿行为。婴儿并不能马上就模仿出成人或者其他孩子的动作，但是却能在他看到这个动作很久之后进行模仿，前提是这种动作在他的记忆当中是具有代表性的。事实上，这种能在精神层面将一些象征类的事物进行应用的能力发展分为好几个步骤，早在婴儿的第6~8个月就开始了。在这个年龄段婴儿就会发展出这种物体持久性（Objektpermanenz）的能力，即：即使婴儿看不见一件事物，他也知道这个事物是一直都存在的。他开始寻找那些被藏起来的东西。如果人们要寻找一样东西的话，那么必须在大脑中构建出关于这个事物的形象。这种形象功能的发展同样也存在于符号行为（Symbolhandlungen）中。皮亚杰是这么形容他的女儿的："当我在打开或者关上火柴盒的时候，我的女儿也随之睁眼闭眼。当她想让我再次打开火柴盒的时候，她会通过张开嘴巴或者睁开眼睛的方式告诉我。"

（2）前运算阶段（2~7岁）

在这一阶段，儿童开始具备将一连串的行为在大脑中进行实施的能力，他们并不需要通过具体的实物操作来完成。一连串行为在脑中的投射同放映的电影相类似。和象征性思维（直到下一阶段才会发展）不同，这一阶段儿童的思维仍缺乏一定的灵活性。他们的思维只是单向进行的。学前儿童还不能进行双向思维（这一阶段仍是不可逆的）。此外，他们的这种思维通常只能集中于一个方面，以此来达成判断，而其他方面则被忽视了（集中）。在前运算阶段，皮亚杰认为儿童还不能进行特定的思维"程序"。

下面我们用一些例子来对"集中"（Zentrierung）和"不可逆性"（Irreversibilität）进行说明，其中，由皮亚杰设计的"倒水实验"（Umschüttversuche）最为著名。这个实验的一个变体形式是：人们向孩子们展示两个一样的细长、高高的玻璃杯（玻璃杯A和玻璃杯B），这两个玻璃杯中装了同样容量的水。然后实验员将玻璃杯B中的水倒入稍矮但直径稍大的玻璃杯C中，这样玻璃杯A中的水平面就要高于玻璃杯C，但是这两个杯子的水量却是相同的。现在人们问孩子，哪个玻璃杯中的水最多，孩子选择了玻璃杯A，因为这个杯子中的水平面是最高的。孩子的注意力只"集中"于一个方面，即水平面的高度，而他却忽视了杯子的直径。稍微年长一点的孩子们知道，这些玻璃杯中的水量是一样的。他们的依据是：当人们重新将水装入细长、较高的玻璃杯中，水平面是一样的。而位于前运算阶段的孩子们现在还不能进行逆向思维。

人们还可以从别的方面来观察孩子这种将注意力只集中（Zentrierung der Wahrnehmung）于一个方面的现象：学前的孩子们习惯用身高来定义年龄，他们认为：年长的人要较高一些。同样，相似的现象也体现在他们的道德判断中，假如一个孩子由于想帮母亲的忙而不慎打碎了10个杯子，他们认为，这种行为比由于生气蓄意打碎一个玻璃杯的行为要恶劣。

这个阶段的孩子还不能设身处地地站在别人的立场看待问题，同时也不能设想别的观察者的场景。皮亚杰用他的"三座山实验"（Drei-Berg-Versuch）证明了这一观点：在这个实验中，孩子坐在一幅山区三维风景图前，一名观察者坐在最高的山峰之后，这样，另外两座山的山顶其实只到了这个最高的山的半山腰。现在人们被安置在不同的位置,并问孩子人们都能从不同的角度看到哪些场景。实验显示,处于这个阶段的孩子认为他观察的位置也就是别人观察的位置。他们还不能将自己的视角和别人的视角进行区分。

(3) 具体运算阶段 (7~11岁)

随着年龄的增长,孩子们渐渐能够对设想的流程进行逆向思考了。他们的思维现在已经是可逆的了。这一点从上文所提及的玻璃杯实验即可证明出来,人们将水倒入先前所描述的玻璃杯中,让两个玻璃杯的水平面相持平。孩子们的关注点再也不仅仅只存在于一个方面了(玻璃杯A中的水平面较高,是因为这个玻璃杯更细长一些)。一个10岁的孩子已经能在这个实验中理解"守恒"(Erhaltung)这个概念了,在这个实验中主要指的是水量的守恒。在孩子思维发展过程中,"守恒"这个概念发挥着重要的作用,因为这让孩子们感受到规律(一种不变性),虽然这种规律在外界是以变化、非规则的形式出现的。因此,孩子们可以对事实和表面现象做出更深层次的理解。

在这个年龄段,孩子们的一些重要思维能力也得到了发展,这种思维能力主要指的是:他们可以从一整个大的类别来观察物体(分类,Klassifikation),即按照一定的特征(排序,Seriation)以及特定的逻辑形式来对物体进行整理的能力。为了描述这种具体运算思维，皮亚杰运用了一个逻辑运算形式来对此进行说明。我们在这里只从简单的几个方面入手：孩子们现在知道猫、狗、鸟等都属于"动物"这一大类别。这种系统性的分类可以从孩子们的回答中得出。一个年纪较大的孩子用上位概念"什么是动物"来替代他"什么是狗"的问题，而年纪较小的孩子则列举出了狗的一些特征，如："猎獾狗""汪汪叫"。直到这个年龄段，孩子们才能对量词如"所有""一些"等进行正确的运用。那些基于包含关系的逻辑问题现在也能被他们很好地解决了。例如，在"所有的猫都是动物"以及"莫茨是一只猫"这一前提下，孩子们可以由此总结出"莫茨是动物"这一结论。如果人们让处于前运算阶段的孩子将六根长度不同的木棍排序，他们只能在有限的范围内进行排序，最典型的就是：他们能按照正确的顺序对两根木棍进行排序，其他四根木棍的长度就不在他们的考虑范围内了。而处于具体运算阶段的孩子则能很好地完成任务。

这种排序的能力同时还与是否掌握"传递性"（Transitivität）概念相关。人们向孩子展示木棍A和木棍B，木棍A是要长于木棍B的，之后人们又向孩子展示木棍B要比木棍C长。对于提出的问题"木棍A要长于木棍C吗"，处于具体运算阶段的孩子则能正确地回答出来，但是处于前运算阶段的孩子却无法给出正确答案。要想能正确回答这个问题，孩子必须在心中根据木棍的长度来对其进行排序（A＞B，B＞C），之后再将这两个分离开来的关系排列到一个序列中去，这样才能得出这种传递性的结论：A＞C。

(4) 形式运算阶段（11岁至成年）

即使在具体运算时期孩子们取得了显著的进步，但是他们的思维方式却总是有限的。孩子们可以在当前的现实情境中进行具体运算，但是在抽象情境中对可能的或者假设的行为进行协调却仍然存在很大困难。在形式运算阶段，这种逻辑运算再也不和具体问题相结合起来了。孩子们开始学会对抽象事物以及假设情况进行操作。在具体运算时期，孩子们的思维只局限于给定的条件，是独立于具体可见形式或者抽象形式（如语言）之外的。而形式运算阶段孩子们的思维是超出这种给定信息之外的。

孩子们在具体运算阶段和形式运算阶段的思维差异可以通过以下调查研究体现出来，这项调查研究是由皮亚杰和芭芭拉·英海尔德（Barbara Inhelder）[2]设计完成的，具体如下：人们向不同年龄段的孩子们展示5个杯子，其中4个是同样大小的（用编号1~4来命名），还有1个杯子较小（用字母g来称呼）。杯子当中装着不同的化学液体，但是却是无色无味的。实验员向孩子们展示2个容器，这2个容器当中装着杯子1~4中的混合液体。随后，实验员向这2个容器当中滴入几滴g杯中的液体，这样，其中一个容器（容器A）中的颜色就变成了黄色，而另外一个容器（容器B）中的液体颜色没变。现在，孩子们拿着空杯子，人们对他们的要求即是：配制出容器A中的黄色液体。事实上，人们只有将1杯和3杯中的液体进行混合才能得到黄色的液体。2杯中的液体对改变液体颜色毫无作用，而4杯中的液体则会阻碍液体颜色的改变。为了能配制出黄色液体，孩子们需要对每个组合都进行尝试。处于具体运算阶段的孩子刚开始系统性地进行试验：他们会将1杯和2杯混在一起，然后2杯和3杯，之后3杯和4杯，依次类推，他们甚至还会将g杯中的液体也一起混入。如果匹配不成功的话，他们要么放弃，要么毫无系统性地继续进行试验。如果碰巧成功配出了黄色的液体，他们却不知道是如何配出的。而处于形式运算阶段的孩子则不同，他们会制订一个系统的计划，上面罗列了所有混合形式。即使他们成功配出了黄色的液体，他们也会进一步来确认是否这是唯一的一种混合方式。当然，为了解决问题，我们不可能总是制订一套完整的组合方案，因为有些问题实在是太复杂了。但是一个显著的特征即是：这个阶段的孩子（青年）他们尝试着控制各个变量并对假设进行系统性的测试与检验。

早在具体运算阶段，孩子们就能得出具体结论了。若人们更加具体地观察这种结论的话，便会发现，他们得出的结论一般不是推论，而是基于一般经验得出的结论。直到形式运算阶段，孩子（青年）才能得出真正的推论。

对该理论的评价：

皮亚杰对儿童以及青少年的认知发展研究做出了极大的贡献。他的这种发展阶段理论在其他的研究者那里也得到了有力的支持。他留给后世最持久的印象即是他的那种富于想象力的实验设置和引起轰动的观察方式。20世纪70年代人们纷纷开始研究、论证他所提出的理论的各个方面。这种广泛的研究自然也揭开了一些平时人们研究不到的方面的秘密。

但是有一点必须要再次进行说明：皮亚杰往往低估了孩子们的能力。究其原因，一方面是因为他对一些特定的实验方法不是很了解，另一方面则是因为他通常只关注到孩子的语言表达，以此来发现他们的思维过程。如今人们发现，这种语言表达和脑海中真实发生的认知过程之间存在的分歧还是相当大的。以下一个例子则能说明：不同的实验方法能导致不同的实验结果。

1971年，布赖恩特（Bryant）和特拉巴索（Trabasso）[3]设计了一个精简的实验，实验结果证明：在提供辅助记忆的情况下，处于前运算阶段的孩子就可以得出逻辑结论了。研究人员让不同年龄段的孩子们解决一道典型的传递性问题：他每次向孩子们展示两根不同长短的木棍，其中，木棍A要长于木棍B，木棍B要长于木棍C。之后，人们向处于前运算阶段的孩子提出问题：是否木棍A要长于或者短于木棍C。孩子们只能偶尔得出正确答案。他们明显还没有意识到，木棍A是要长于木棍C的。但是，如果人们给不同的木棍涂上颜色的话，4岁的孩子们就能正确地回答这个问题了。这些木棍被一些支架固定住，人们只向孩子们展示离木棍顶端2厘米、涂上颜色的那一段。实验显示：位于4~6岁的孩子们能正确得出问题的答案，即他们认为木棍A是要长于木棍C的。若在没有提供记忆辅助的情况下，他们则不能很好地完成这个逻辑运算。同时新的科技表明：相对于皮亚杰所提出的理论而言，孩子们对"物体持久性"这一概念很早就形成了。

同时，皮亚杰对于各个阶段的描述严重依赖逻辑上的形式主义，对于从一个阶段到另一个阶段过渡的描述，他认为主要原因还是生理上的成熟机制起到了很重要的作用，他的这些观点受到了批判。事实上，他的理论并不是简单的成熟理论（Reifungstheorie），因为他将人们这种认知的继续发展看作是个人和环境相互作用的结果。[4] 环境起到了消极的作用，而个人则是一种积极的作用。若两者之间发生冲突，则这种认知上的持续发展则引导着两者之间平衡的再次建立。但实际上有相当多的证据表明，环境和特殊训练同样也影响到认知发展。同时，每个人的认知发展速度也不一样。有些成年人，他们并不会展现出形式运算的思维特征，因为他们更倾向于联想思维而不是逻辑思维。为了能够正确评判这种观点，1972年皮亚杰对他的理论进行了修改，即：并不一定是因为人们的生理年龄成熟了，才能进行形式运算，这种形式运算思维更多的是个人经历的结果。

同时，皮亚杰认为，在各阶段中，人的认知发展并不是持续进行的，这种观点也被人批判，人们认为这个过程是持续进行的。当然，皮亚杰在智力研究这一方面的贡献还是相当大的，就连那些批判、驳斥他的理论的某些方面的人也承认这一点。

2 人一生的智力发展

皮亚杰引入了关于智力发展的研究，这使得人们注意到要从人的发展早期即孩童时代开始着手研究。如今，关于发展心理学这方面的研究不再仅仅集中于孩童和青年时代的智力发展研究，因为这种智力发展贯穿人的整个生命阶段，直到人最终的死亡才停止。所以有这么一句话——智力发展，贯穿始终。这也是发展心理学所要研究的领域。

在一个关于智力发展的横向研究（人们在一个特定的时间段对不同年龄段的人进行研究）中，早期的研究者发现：对于这种流体智力来说，人们在25岁便达到发展的顶峰，后随着年龄的增长而呈现下降趋势。而对于这种晶体智力来说，它并不随年龄的老化而减退。（具体参见第四章第4部分）

然而，人们在方法论上的分歧也影响到了这种智力发展研究。人们争论的焦点即是：这种对不同年龄段的人的智力进行的横向研究是否真正能给人们呈现出年龄决定智力差异的真实图景。有些人由于其特定的原因（如没有受到良好的教育、战争留给人们的精神创伤等），并不能呈现出真正的智力水平。因此，为了解决这一问题，人们想出了另外的解决办法，即对这种智力发展进行纵向研究（Längsschnittstudien）。在这项纵向研究中，人们会对特定的、不同年龄阶段的被研究者进行长时间的反复观察，并对他们的智力进行"测量"，以此来得出关于智力发展的更准确的结论。当然人们还要注意到，由于测试是对单纯的事实进行重复测量，基于重复测试（Testwiederholung）本来就会得到智力提高的结果，同时，这种纵向研究本身方法上也存在问题。最佳的方式应该是人们将两者——横向研究和纵向研究进行结合，以此来得到关于人一生的智力发展的更准确的结论。[5]

3 老年人的智力：智慧

当人们上了年纪之后，一些重要的功能如反应速度等都会有所下降，但是他们的人生阅历却得到了显著增长。因此，我们通常认为这种"成熟的"人具备"智慧"特征。在这种观点之下,人们认为智慧是一种成人智力以及老年智力的高级发展方式。保尔·巴尔特斯和雅克金·史密斯(Jaqui Smith)将它定义为"专家知识"(Expertenwissen):它能对根本的切身重大问题进行研究探讨,同时又能做出十分准确的判断,给出相当有建设性的建议。[6]

关于这一方面的智力研究一直没有得到人们的重视,因为人们一直是以青年的智力评判标准来对它进行记录的(同时也是因为智力研究自身的历史原因,具体请参见第二章)。后来人们在讨论中发现这种以学校知识为目标的智力研究有可能其意义并不是十分重大,直到这里,人们才开始将注意力关注到其他领域,这其中就包含"智慧"这一领域。

保尔·巴尔特斯及其同事[7]将他们的老年智慧研究基于双重智力程序模型之上,在双重模型中,他们将"机械智力"和"实际智力"进行区分,并依靠流体及晶体智力模型中的智力元素(参见第四章第4部分),他们将信息处理的基本程序认定为脱离知识而存在的"机械",而将在生命过程中获得的知识称为"实际",它是和知识紧密联系的。这种实际智力反映了人们所获得的专业知识(Expertise),如在职业领域所获得的知识和技能。如果这种专业知识和特定的生活状况及特定的生活变迁相关,并且在很大程度上如此呈现,则人们称其为"智慧"。

在"机械智力"领域人们并不能回避这种由于年龄增长而带来的退化现象（比如反应速度下降），而在"实际智力"领域恰恰是因为年龄增长，人们才能达到智力的高峰。人们一般认为，随着年龄的增加，智力会有所退化，而在"实际智力"这个领域则有所不同。这种现象在我们的文化中尤为明显，虽然人们会以一定的方式慢慢衰老，但是正是因为这样，他们才更能为社会带来能力和效益。这点我们可以从个体实例当中看出：原则上来说，那些达到较高绩效水平的人通常都是上了年纪的人。

根据人们最近的研究表明，特别是在需要实际和社会智力的任务中，年长人的优势就显示出来了。同时，在认知和情感能力的融合，即理性和感性的联结之中，我们又叫它"理智"，年长之人要比年轻人好得多。[8]

第八章　智力与其他

为了弄清楚测试智力（Testintelligenz）和其他重要因素之间的相互联系，就必须讨论各个测量到的参数之间的关系，这一点也是我们在上一章力求解释清楚的，这样自然就回避不了"相关"这个概念。对于还不了解"相关"这个概念的读者，我们建议您去看一看附录第 1 部分。这一章我们将着重阐述智力与学习成绩（Schulleistung）、职业成功、创造力（Kreativität）、专业技能和问题解决能力之间的关系。除此之外，我们还将解释智力与文化差异、性别差异是否具有相关性。[1]

1 学习成绩与智力：高智商的学生就是好学生吗？

智力和学习成绩之间是否具备着一定的相关性，在智力测验的效度评价（Validitätsbestimmung）中，人们已谈及了这个问题。在验证测试中，人们必须要清楚这场测试到底在测试什么。例如，在学前测试中，人们应该对孩子的生理、心理的成熟度进行测量；在注意力的测试中，人们应该对注意能力进行测量；同理，在智力测验中，人们也应该对智力进行测试。像这种智力测验或者学前测试，人们首先要弄清楚的不是所涉及的变量在心理学方面的意义。要想获得这方面的信息，实证研究必不可少。这些实证研究遵循那些所谓的智力行为（intelligentes Handeln）的外部标准。例如，在"学校恐惧症"的测试中，如果其测试结果和孩子家长或老师的评定一致，那么，我们可以认为这份测试是可靠有效的。智力测验的效度评价也是如此。在智力测验中，人们经常将老师对学生的智力水平评判纳入到考虑范围之中，这是智力测验中的一项外部标准。当然这一点是从这个假设出发，即：学校中所要求的智力表现应符合普遍的智力概念，同时，老师要能长时间地在能带来思维产出的情境中观察学生。随后，老师再根据一份统一的标准来对学生的智力能效进行评估，在这之后得出的数值可以和人们从测试中得出的数值进行比对。老师评估出来的智力数值和经过测试总结出来的智力数值之间的相关值随着测试任务的改变而上下波动。在日常测试中，这种相关值大约为0.6或者更高一点。因此，人们可以认为，普通的智力测验在很大程度上可以理解为学校范围中对智力的定义，同时这也作为智力评判的一项标准。为了得出合理的解释，一般人们将学习成绩和智力测验值直接进行比较。一般来说，平均学习成绩和整体智力值之间的相关系数是0.4或者0.5。如果人们将单个的学科拿来做对比的话，事实证明，学生的智力和数学成绩以及德语成绩之间的相关值最大。

总的来说，如果学习成绩和老师的评价是评判智力的重要标准的话，那么，在IQ测试中表现良好的学生一般在学校也取得了优异的成绩，这也就不足为奇了。同理，那些在IQ测试中表现不太理想的学生一般在学校取得的成绩较差。如果智力测验是在企业中进行的话，那么，所谓的高智商可能就是那些具备销售天赋的人，而优异的学业成绩却并不是必需条件。要注意的是，在表达时，我们不应该说一个人的"智力"，而应该说一个人的"测试智力"，这样我们才能将测量出来的测试智力和"真"智力区分开来。

影响学业成绩的其他因素

智力是学业成功的前提条件，但是，一些其他的重要因素也深刻影响着学业成功，而这些因素并不与智力相关。

（1）社会经济状况：调查显示，学生的家庭的社会经济状况影响着老师对学生智力的评判。一般来说，老师高估了那些来自上层社会学生的智力，而低估了那些来自下层社会学生的智力。[2]

（2）内隐理论：由我们提出的自身理论，即：智力是不是一个生来注定、不可改变的性格特点，这也影响着一个人的学业成功。一些学生认为，每个人的智力水平都是确定的，并且是不受外界影响的。学校被看成是这样一个机构，在这个机构中，它的任务即是：对每个人生来注定的智力进行挖掘。一些学生还认为，辛勤的工作和学习可以提高一个人的智力水平。持这种观点的人往往更能在学业上获得成功。尽管这种观点并不全对，但是他们的学习态度却因此大大得到改善。

（3）父母和老师的期待：如果父母和老师对学生抱有很高的期待，则这种期待也往往能够被实现。人们将这种现象称为"皮格马利翁效应"（Pygmalion-Effekt）。在一个已被实施的实验当中，学生被分为两组，人们对这些学生的老师说："这一组的学生比另外一组的学生更加智慧。"实际上，大家的智力水平都是差不多的。实验结果显示，老师不仅区别对待两组学生，而且被误认为智商较高的那组学生比另一组学生的成绩要好。

（4）文化因素：近些年，一些亚洲学生，特别是来自中国大陆、新加坡、韩国和日本的学生的学习成绩被给予高度重视。和美国学生相比，这些亚洲学生的数学成绩明显比他们要好得多。专家认为，这种现象和一些生来注定的因素无太大关系，更多的是因为，在亚洲国家，"数学"被赋予了特殊的价值和态度。早在幼儿园阶段，美国的孩子和亚洲的孩子数学水平是差不多的，直到小学一年级，这种成绩差异（Leistungsunterschiede）开始显现出来，越往后差距越大。实际上，大家的智商值都是差不多的。出现这种成绩差异的其中一个原因就是儒家传统对亚洲人的影响。他们看重纪律和辛勤的工作。从孩子很小的时候开始，人们就期望他们在学校学得很多知识、为家庭争光。日本学生花费大量时间在学校学习。一般每天八节课,即使是在周六也有四节课。在美国,孩子们只花费他们一半的学校时间来完成学业任务,而日本则是73%,中国则达到了90%。尽管一些人认为花费大量时间在学业任务上会影响到孩子的生理、心理健康,但事实似乎并不是这样。在孩子们上学之初,人们就高度重视孩子们要在校园里学习愉快,同时还强调个人和社会价值。和鼓励个人竞争行为不同的是,在这里,人们经常强调要大家一起解决问题。家长们也参与到孩子的学习生活之中,学生的家庭作业和考试成绩极为重要。与此相反,美国以及德国(有可能)的家长通常并不参与到孩子的学习活动之中,如果孩子写家庭作业的时间超过了一小时,则家长可能会向老师抱怨作业太多。

(5)内在动力:对于学习内容的兴趣本身就是影响学业成功的另一重要因素。在一位学生从外界得不到任何表扬的情况下,这种兴趣是促进他继续学习的唯一保证。[3]我们将在下一章更加详细地讨论什么是"内在动力"。

2 高智商是职业成功的保障吗?

基本上人人都熟知这种情况:那些在班级里总是取得第一名的学生在以后的职业生涯中情况并不乐观,而那些反应迟钝、学习费劲还考不了高分的学生却在以后的工作中成为人生赢家。

人们将智力测验中的任务与实际生活中的任务拿来做对比，实际上这一点不足为奇。智力测验任务在语言表达上更加精确，同时，这些任务往往只有一个正确答案或者解决方法，而工作中的任务则经常在语言表达上来说是含混不清的，同时，工作中的任务往往有多个答案或者解决方法。除此之外，工作中的一些其他能力也是十分重要的，而这些能力往往在智力测验任务中无足轻重。

尽管如此，研究表明，一个人的工作情况（无论人们是怎样定义工作情况的，例如收入的多少或者威望的高低）是和个人IQ值紧密相关的[4]（相关系数在0.50~0.70）。但是，如果人们认为一个较高的IQ值就一定会让人们在事业上飞黄腾达，这种结论还是比较草率的。人们应该这样想，学业上的成功有可能会是保证职业成功的重要因素。IQ值的高低和学业成功与否的确相关，但却并不能直接预测个人的工作情况。此外，研究表明，当大家的工作水平都到了一定程度之后，仅靠智力值并不能分辨出哪些人工作极为出色，哪些人工作并不太出色。[5] IQ值和职业成功之间的相关系数随着工作种类的变化而变化。对于那些做销售或者工艺的人员来说，相关性相对较低（相关系数在0.00~0.19）。更甚的是，如果只是重复一些简单的工作程序，那么这种IQ值和职业成功之间还存在着负相关。

高IQ值甚至会成为重复机械劳动工作的阻碍。只有对于那些领导人物或者学者来说，IQ值和职业成功之间的相关性才相对较高，大约在0.47左右。所以对于这样的人，人们会听到这样的论断，即这种智力测验其实测量的是一个人的"学术智力"（akademische Intelligenz）。如果一份工作对人们的学术要求越高，那么这种相关性也越高。正因为这种原因，IQ值更多的是与工作训练项目（Trainingprogramme）成绩相关，而不是与实际的工作成绩相关。洛塔尔·施密特·阿泽尔特（Lothar Schmidt-Atzert）和伯恩哈德·迪特（Bernhard Deter）[6]在1993年对1758名培训班学员做了调查研究，他们研究的是：不同的测试对于培训成果的预测究竟有多准确。调查结果显示，预测一份工作能获得成功的考试，却在预测另一份工作的成功可能性上并不可靠。通过测试可以更好地预测在培训中的理论成绩而非实践成绩。

如果公司要采取智力测验或者其他相同类型的测试进行人事选拔（Personalauswahl）的话，那么还存在着一个这样的问题，即：那些考试成绩没有达到雇用标准的员工到底能不能胜任这份工作。通常情况下，我们不能用考试成绩来概括一位员工的工作绩效。前段时间人们发现了美军选拔人才时出现了错误，而这恰恰就印证了这个观点。霍华德·加德纳和其同事就在他们最近问世的一本书中谈及了这个案例。[7]美军运用了一系列测试对每年征募的超过一万多的新兵进行分类。这项测试包含了四个小测试，以此来衡量新兵的智力，并预测其未来的职业发展潜力。由于人们在制定测试标准时出现了一个错误，在1976—1980年，一共有20万名新兵被招募进来，而按照这些人的测试成绩，他们本来是应该被取消资格的，现在却被录用了，随后他们却也能胜任工作。

那么，那些被错误录用的新兵工作表现就一定比正常通过测试的新兵差吗？尽管人们预测，那些被错误录用的新兵工作表现肯定要差些，但是后来的结果却表明，他们只在开始阶段出错比别人稍微多一些。虽然有人暗示，他们的工作绩效比不过那些正常通过测试的新兵，但是这些人却也能胜任工作。

因此，人们可以总结，智力和一个人的工作绩效在一定程度上具有相关性，其他的一些性格特征也和智力一样十分重要，它们深刻影响到人们的职业生涯表现。

影响职业成功的其他因素

加德纳和他的同事认为以下四个因素对一个人的职业成功影响深远，分别是实际智力、工作风格、动机和团队合作。

（1）实际（praktische）智力：人们在生活中面临的问题一般不会像智力测验当中的问题一样，一般来说，实际问题会有好几个解决方法。实际智力能够帮助人们解决这些问题，不过这牵扯到：一个人是否具备良好的理解力，并将这种理解力付诸实践之中。"实际智力"和"测试智力"的区别也存在于日常的语言运用当中。那些拥有高测试智力值的人们往往被认为是"聪明的",而那些拥有相对较低的测试智力值的人则被形容是"愚笨的"。对那些拥有较高的实际智力值的人,人们会用"狡猾"一词来形容他,同时用"天真"一词来形容那些拥有相对较低的实际智力值的人。

(2) 工作风格：工作风格也对职业成功很重要。有一些人在一件任务上纠结太久,他们还没有意识到,凭他现有的资源和能力还办不到这件事,因此,最有意义的事情即是：他们现在就应该停止这项任务,把注意力转移到下一项任务当中。同时也有这样一种人,他们做什么事情都不能长久,经常半途而废。要想成为一个领域的专家,需要很长一段时间才能达成。成功有时候还取决于一个人在团队时间的长短。有这么一种观点认为,一个人只有在一个团队中工作了10~15年才能发挥他的最大能力。日本公司的成功则能部分印证这种观点。相对于美国员工,日本的公司员工会在一个职位上工作很长时间。美国的职员则更经常变更其团队和职位。

(3) 动机：罗伯特·斯滕伯格[8]也对"动机"这一因素进行了论证：如果人们手中有一个职员,他的能力不能胜任这项任务,那么,正常情况下,人们会让他做另外一件和他能力相称的任务。但是如果他缺乏动力的话,那么他连另外一项任务也做不好。

人们通常会对这两种动机类型进行区分：外在（extrinsisch）动机和内在（intrinsisch）动机。外在动机主要指的是对一些外部因素，如赞赏、名誉和金钱的期望。从长远角度说，这种外在动机会阻碍个人能力的发展。内在动机主要指的是这样一种情况，即：一个人觉得一项任务很有趣，认为训练相应的能力是很"值得"的。内在动机人群主要为一些艺术家，如：画家，虽然他们并不能靠卖画为生，或者是一些诗人，他们写的一些诗并不会被发表出来。受到内在动机支撑的任务主要有这么一个特点：它带来了一种特定的挑战，而这种挑战又和一个人的能力是相一致的。这些任务既不简单，也不复杂。太简单的任务会使人无聊，而太困难的任务又使人感到害怕。

（4）团队合作：人们在团队中的工作能力又是一项影响职业成功的重要因素。一个团队的成效和质量很大程度上取决于人们合作的好坏。

3 智商高的人更具创造力吗？

亚里士多德在那个时代就对两种思维类型做出了区分，现在的研究人员认为这是创造力的显著特征：一种是"nous poetikos"，另外一种是"nous pathetikos"。第一种指的是创造性思维,而第二种则是偏向于一种较为被动的思维,这已在前文中说明过。[9] 这一区别和心理学中的收敛思维以及发散思维之间的区别相类似。

一般来说,发散思维(divergentes Denken)就如同人们理解创造力那样,它是一种能力,一种找到不寻常但却又十分合适的问题解决方法的能力。而收敛思维(konvergentes Denken)指的是在正确的问题解决策略之下,将信息和知识综合、汇集的能力。按照定义,创造性思维特点即:能产出新奇、独特的想法。相应地,自然就有一些测试尝试着去总结、概括这种思维方式。在这一领域,吉尔福特是研发此类测试的领军人物。以测试中的任务为例,这可以清楚地表明,人们在心理学领域是怎样理解创造力的。[10]

(1)这份测试中对独创性(Originalität)进行了衡量:笼统地说,那些将单词"刀"和"马戏团"联系在一起的人要比与"叉子"联系起来的人更具创造力。

(2)其他一些测试和思维的灵活性(Flexibilität)有关:为了能将一个问题从多个角度进行观察,灵活性必不可少。在创造力测试中,人们对一件物品的归纳程度和归纳范围反映了这个人的灵活性。比如说,对"石头"的用途归类(它可以归入上位概念"重量""建筑材料""炮弹""装饰品"之中)。如果一个人思想不是很灵活的话,那么他可能就只想到石头可以归为"建筑材料"之中。

（3）在另一个测试当中，受试人被要求说出家用器具的名字，并且还要说出哪些器具需要得到改善。像这一类的问题也是衡量创造力的另一形式，它概括的是对问题的敏感性。只有那些发现问题的人才能解决问题，并想出更好的解决方法。

（4）像"请尽可能地说出多种可食用的红色物品"这一类问题针对的是一个人是否能轻松想出问题的解决办法。同时，这还取决于要在一定的规定时间内想出这一类的物品。这个测试测量的是一个人思维的流畅性，这也是创造力的另一个标志。

人们借助发散性思维想出更多的问题解决办法，但是在智力测验中人们却并没有涉及这个方面。大多数智力测验的任务只有一种答案，这更像是对趋同思维进行概括。如果人们能好好地观察一下智力测验中的问题，那么不难得出：一个人的智力商数值其实和其创造力并无多少关联，同时这也不能预测人们是否能对一个棘手的问题想出解决办法（具体参见本章第7部分）。

罗伯特·魏斯贝格（Robert Weisberg）[11]曾致力于研究这样一个问题，即：人们怎么对那些特别有创造力的人和不太有创造力的人进行区分。他得出了这样一个结论，多年的经验和对自己创造性追求的自信是创造性人群的重要特征。在他看来，创造性和通往创造性的思维过程则没有什么特别之处。基于创造性思想的思维过程则被所有人用来解决日常问题。诚然，并不是每一位认知心理学家都赞同这种对有创造力的人进行去神秘化的观点。

4 不同文化之间有智力差别吗？

早在智力研究之初，人们就存在这样的问题：会不会有一些文化或者群体比别的文化或者群体更加聪明？在心理统计学的智力绩效方面我们认为确立可能的差别是不成问题的。值得争议的地方是，一旦人们查清了这种差别，便为遗传学（认为智力是由基因决定的）和一些政治措施提供了理论支持。正如第六章第2部分所述，这种想法便使得那些犹太人、意大利人和俄罗斯人被拒之境外，因为"智力低下者"是被禁止入境美国的。

西摩·萨拉森（Seymour Sarason）和约翰·多里斯（John Doris）[12]的一项研究表明，仅仅只从IQ测试推导出不同的认知能力（kognitive Fertigkeiten）是很困难的。这两位研究员追踪美国的意大利裔移民的IQ发展情况。在几十年之前，人们研制了一份通用的智力测验，为的就是能在不受文化限制的情况下对智力进行概括。结果表明，意大利人的智力在平均水平以下。当时的研究员将其原因归结于基因问题。所以，1917

年，亨利·戈达德便这样认为：大部分意大利移民都是智力低下的。这种论断后来也波及犹太人、匈牙利人和俄罗斯人。1991年史蒂芬·切奇（Stephen Ceci）[13]发表的研究结果显示，意大利裔移民的后代其智力位于平均水平之上。其他有族群体的IQ值也有了大幅度提升。那么，在这么短的时间之内出现了如此大的变化，很明显是不可能将其原因归结于基因问题的。更为可信的解释是：共同的学校教育和相同的文化背景使得人们的智力测验值趋同。

尽管如此，一些美国的研究还是表明，尽管人们的出身环境和所受教育相同，但黑人的IQ值相较于白人还是低了10~15个百分点。[14]在将黑人和白人的智力能力做对比时，遗传学家经常不会将外部环境因素考虑进来。值得考虑的是，许多影响IQ的因素往往是随着特定的族群而出现的：一般来说，黑人所处的社会环境比白人要差。在这个条件下，人们在美国确立了一项十分庞大的实验，在这个实验中共有26000个小孩接受测试。依据孩子母亲的受教育水平和其家庭的社会经济状况，人们对这些黑人和白人小孩的智力进行预测。[15]同时，人们还对那些被白人家庭收养的黑人小孩做了实验调查，结果表明：如果黑人小孩自婴儿时代起就被白人中产阶级家庭领养的话，那么这些小孩的智力值便在黑人小孩的平均测试值——100之上。那些早些时候被收养的孩子，其智力值比那些晚些时候被收养的孩子的智力值高。有一些作者得出结论：那些和同龄白人取得相同智力绩效的黑人小孩，他们都是在一个有利于智力发展的环境下成长的。[16]如果有这样的情况，即：有些被白人夫妇领养的黑人小孩其智力绩效比那些被白人夫妇领养的白人小孩稍微低一点点，我们也不能就这样下结论，认为黑人比白人"愚蠢"。在这种情况下还需要验证的是：在一般情况下，是否黑人的成长环境是完全不同的，并且，如果一个黑人小孩察觉了这种智商上的差距，那么这可能会对他的智力发展带来不好的影响（这就是所谓的"皮格马利翁效应"，具体参见第八章第1部分）。

即使在今天也仍然存在遗传论的拥护者。比如说，在艾森克（Eysenck）的《关于IQ的论证：种族、智力和教育》一书中，他基于很多实验尝试着证明：一般来说，那些在美国生活的黑人，其智力水平比白人的智力水平低下，并且这是由于基因决定的。这种智力上的低下是从出生一开始就决定了的，因为这在所有的社会经济阶级中都有据可查。在孩子们还不到一周岁的时候，实验研究就表明，在一个特别快速的反应时间内，黑人小孩的反应明显比白人小孩要慢很多。但是，出现这种情况的原因很多，以此来作为由遗传决定的智力差别的论据显然不具有说服力。

更为困难，或者说几乎不可能的是，将在不同文化里成长起来的人的智力进行比较。智力测试和其他的能力测试无一不与文化相关。就连那些原本为了不受语言和民族限制而研发的智力测验方法［如J.C.瑞文（J.C.Raven）的"标准推理测验"］也只能在一个非常有限的范围内说它们是不受文化影响的，甚至这个非常有限的范围也以很多文化约定和习惯作为前提条件。如果按照斯滕伯格的观点，将智力看成是个体有目的地去适应对他来讲至关重要的外界环境，那么就不可能在同一参照系中做这种比较（即不能比较来自不同文化的人的智力）。原则上，人们应该把一个社会中被视为聪明的人当作标准去衡量这个文化里其他成员的智力。例如，一些在欧洲被认为是聪明的行为，在一些非洲的部落可能会被看作是愚蠢的。

不同文化的人，对什么是"聪明"有着不同的见解。迈克尔·科尔（Michael Cole）[17]就用一个很有意思的调查研究证明了这一观点。他让一个非洲部落做这样一个简单的归类：将一些单词有意义地进行归类。给出的单词有"鸟""鱼""衣服""穿""吃""动物"等。我们所在的文化中一些聪明人会不假思索地对这些单词按照等级进行归类。他们会将"鸟""鱼"作为下位概念归入到上位概念"动物"之中。与此相反，很少会有聪明人按照他们的功能进行分类：比如将"鱼"归入"吃"之中，将"衣服"归入到"穿"之中。而这个非洲部落的人们却按照物品的功能进行分类。如果人们要求他们按照物品的等级进行分类的话，这反而被认为是很"愚蠢"的。他们完全有能力将这些物品按照等级进行分类，不过他们却并不这样做，因为他们认为这是很"愚蠢"的。

由此可以推断，能研制出一个不受文化限制的或者文化公平的测试是不太可能的。不同文化的成员会对什么是"聪明"有不同的见解。因此有的研究人员持有这样的观点：研制出文化专属（kulturspezifisch）的IQ测试是十分有必要的。

5 男性女性之间有智力差别吗？

关于男女之间智力是否平等的问题已经是老生常谈了。20世纪初，当时非常著名的神经病理学家保尔·莫比乌斯（Paul Möbius）[18]在莱比锡发表了一篇论文，题目为《论女性生理学上的弱势》，在这篇文章里，他阐释出了女性在所谓的身体和智力方面的低能。

按照莫比乌斯的观点，他认为女性大多数行为都是被直觉与本能操控的："就像动物很久很久以来所做的那样，倘若只有女性，人类性别（Geschlecht）也只能停留在原始状态，所有的进步都是从男性开始的。"还有一个特征能显示出女性的低能，即她们的情绪波动更大，并不能很好地控制自己。"如果女性在生理和精神上不那么弱势的话，同时，她们的破坏力和杀伤力又在一般情况下得以保留的话，那么麻烦就大了。"创造、发明、想出新点子，这些都是女性做不到的。莫比乌斯认为，这些对所有人都开放的领域，比如音乐、美术等，女性也缺少创造性的想象力。女性诗人并不具备原创性，就连烹饪、时尚这些领域的发明也是从男性开始的。女性生来就是要拥有母性光辉，对于她们来说，她们的男性精神力量都是失败的。不仅如此，女性的精神配置相较于男性是匮乏的，随着年龄的增长，她们的这种精神力量又丢失得比男性要快。女性所有的精神能力都是为了一个目标——找到一位合适的男性。一旦她们完成了这个目标，便很快地失去了她们之前所拥有的能力：她们在婚姻的头几年或者生完孩子的月子期之后会变得特别愚蠢。而男性则会一直到老都保留着他们的这种精神能力。

莫比乌斯这种论述在当时引起了轩然大波。一些随之而来的对女性的偏见直至今日还没有完全消除。虽然人们今天并不认为女性就比男性要愚蠢。

那么，这种所谓的男女之间的智力差别到底是怎样的呢？究竟是否存在这种差别呢？一般人们认为男女之间并不存在显著的智力差别。当然会存在这样一些特殊测试，在这些测试中，男女表现不同。这在智力研究之初就被断定了。比奈和推孟想在测试中尝试着控制这种差别。在测试中，他们要么让受试人完成那些男性或者女性能完成得更好的任务，要么让他们完成那些不受性别限制的任务。这种测试构架的趋势一直延续到今天，一般来说，男女之间并不存在什么智力差别。

在一些特殊的任务中，男女之间存在智力差别确实有一点可信度：

（1）男性比女性的立体想象力要好，在一些需要数学结论的任务中，男性则比女性的分数高。

（2）女性则在语言智力和感知速度上要比男性好。

图9表明了不同的任务类型。[19]

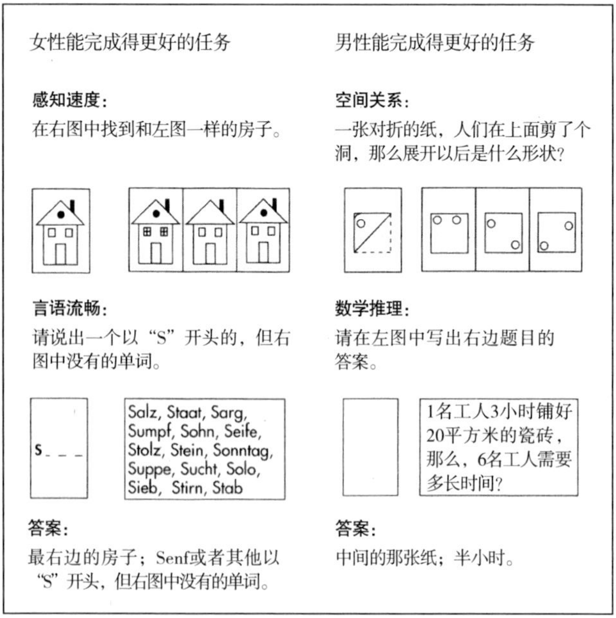

女性能完成得更好的任务	男性能完成得更好的任务
感知速度： 在右图中找到和左图一样的房子。	**空间关系：** 一张对折的纸，人们在上面剪了个洞，那么展开以后是什么形状？
言语流畅： 请说出一个以"S"开头的，但右图中没有的单词。 Salz, Staat, Sarg, Sumpf, Sohn, Seife, Stolz, Stein, Sonntag, Suppe, Sucht, Solo, Sieb, Stirn, Stab	**数学推理：** 请在左图中写出右边题目的答案。 1名工人3小时铺好20平方米的瓷砖，那么，6名工人需要多长时间？
答案： 最右边的房子；Senf或者其他以"S"开头，但右图中没有的单词。	**答案：** 中间的那张纸；半小时。

图9 男性和女性取得不同成绩的测验任务［参见弗纳尔德（Fernald），1997年，第431页］

直到今天，人们都还不清楚，这种差别是由生理因素、文化因素还是两种因素共同决定的。

在这个方面，还有一个问题要探讨一下，并且我们还通过心理学实验对其进行了调查研究。这个调查研究涉及的是：是否男性对立体图形想象的加工过程和女性不同。因此我们设计了如下实验[20]：我们向受试人展示一个三维立体图形，随后又向他展示另外四个三维立体图形（参见图10）。

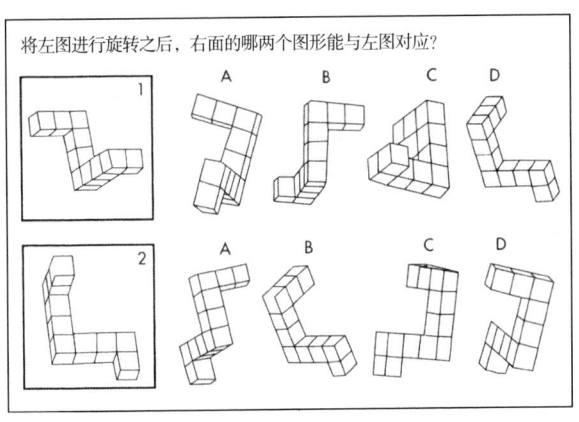

答案：图1为B和C；图2为A和C

图10 思维旋转任务举例

通过将三维立体图形旋转，我们可以将右边的两个立体图形同左边的立体图形对应起来。受试人应该说出右边哪两个立体图形同左边的立体图形是相吻合的。通过这种测试我们可以得出以下两个结果：

（1）男性解决此类问题的速度通常要比女性快。

（2）通常来说，在解决这类问题时，旋转程度越大的话，人们所思考的时间就越长。

这种对物体的思维旋转看起来和物理上的旋转相类似。[21] 人们可以通过实验证明，这种反应时间差不多和算法预测相一致。算法预测总共有4个步骤：步骤1将图形进行编码（即在脑中进行存储）；步骤2将其中的一个物体进行旋转，旋转之后的图形要和比较对象相同；步骤3将思维上进行旋转的物体和比较对象进行对比，看是否一致；步骤4则是受试人得出结果："是"或者"不是"。

实验表明，为了得到答案，男性和女性所运用的算法是一样的。男性在此类任务上的优势在于，他们在脑中进行这种旋转的速度要比女性快。对于其余的步骤，男性和女性都是差不多相同的。这种基本的加工过程显然是相同的。只有在一个步骤中，男性和女性之间存在差别。

对于这种问题——是什么导致了男女之间的差别，到目前为止，还没有统一定论。事实上，男女之间对立体信息的加工差别直到青春期之后才显示出来。其中一种理论认为：荷尔蒙的改变导致了男孩和女孩中枢神经系统的差别，所以在解决空间想象这一类问题时，男孩要比女孩的成绩更好。这种荷尔蒙的变化使得男性的左右脑之间的分工更加明确。左脑的分工得到强化，而正是左脑负责立体信息的加工。所以这就是男性能在这个领域成绩更为突出的重要前提。

6 智力和某些特定能力之间有关系吗？

首先，智商的高低并不能表明一个人是否具备特殊天赋。当然确实存在很多人，他们拥有很强的特定能力（专业知识），同时，智力商数值也很高。相当有趣的是，也存在截然相反的情况，这种情况被称为"学者症候群"（Savant-Syndrom）。这些人被叫作"智障学者"。他们在某一方面具有超乎常人的能力，但是精神有障碍，一般智力商数值在40到（至多）80之间。

对于这种"学者症候群"的出现频率，并不存在可靠的报告。人们通过观察发现，在每10000个精神有障碍的人中，约有6个患有"学者症候群"，在每100个自闭症（这些人同外部世界的交流有障碍）患者当中甚至有10个人都患有此类病症。在过去几个世纪，关于这些人拥有惊人的特殊天赋的记录不超过100例。人们将这些患有"学者症候群"的人分为两类。其中一类人是：相比于他们的其他能力来说，他们在某一个领域特别有天赋。而另一类人则是：他们显示出了惊人的能力，这种能力即使是常人都难以企及。我们在这里主要说的是第二种情况。少有女性患有"学者症候群"。男女之间患有此类病症的比例约为6∶1。通常这种特殊天赋表现在音乐和算数领域。在患有"学者症候群"的人们中有一种是算数天才，他们能在很短的时间内计算出多位数的加法和乘法。而在音乐上的表现是：其中一些人他们只听了一遍曲子之后便能模仿演奏出一些钢琴片段。

另外一个伴随着"学者症候群"的能力即是"日历计算"（Kalenderrechnen）能力。这种能力能即刻计算出过去和未来的任何一天是星期几。其中，在拥有这种能力的人中最著名的便是双生子乔治和查尔斯（George和Charles是假名），人们推测可能是由于早产，他们的脑部受到了损害。他们两个都拥有惊人的能力。早在乔治6岁开始，他就每天花很多时间研究万年历。他的孪生兄弟查尔斯直到9岁时才对万年历表现出兴趣爱好。在乔治24岁的时候，对于这种即刻计算出过去和未来的任何一天是星期几的问题，在总共302道题目当中，他能准确无误地回答出292个。

也有一些案例研究是关于"学者症候群"的患病人群的创造天赋。其中一例就是阿朗佐·克莱蒙（Alonzo Clemon）。他的每个雕像大概售价为3000美元[22]，而一件艺术品甚至能卖到45000美元。他的很多作品都是关于动物雕像的。对于任何动物，他只要扫上一眼，就可以凭记忆制作出栩栩如生的雕塑。克莱蒙在3岁的时候头部受伤，这导致他的大脑发展受到严重的损害。虽然他创造能力非凡，但是其智商值只有40，他的词汇量也只局限于几百个单词而已。

此外，还有一些"学者症候群"患者的记忆能力超强，还有一些人感觉中枢如味觉或者嗅觉发达。

至今，出现这种现象的原因还是一个谜团[23]。有人曾经讨论过这种特殊能力是否会遗传。在其中的一些"学者症候群"患者身上，遗传是其中一个因素，而有些则不是。同时这种过目不忘的记忆力（photographisches Gedächtnis）也不应该作为对这种病症的普遍解释，因为其中有些患者是盲人。

较为大众接受的一种解释是，许多患者所遭受的感官剥夺，在其他能力的发展中起了至关重要的作用。特殊能力的发展被看作是个人感官剥夺的自然结果，因为各个感官之间往往是互相竞争的关系。如果一个或者多个感官受到了损害，那么剩下的完好的感官则会发育得更好，对于它们而言，干扰因素变少了，其功能就能得到更好的发挥（比如说，盲人会拥有更好的触觉）。

还有一种可能，这种患者所体验过的成就感也是发展不寻常能力的原因之一。放大机制（Verstärkungsmechnismen）能促进特殊能力的进一步发展。它来源于环境，或者来源于内在的感知。

另外一个解释则是由于右脑的支配地位造成的。但是这没有考虑到那些特殊天赋位于左脑的患者。对于那些惯用右手的人来说，数学天赋或者日历计算天赋通常和左脑相关联。

到目前为止还不存在确定的解释。或许是因为这种病症太复杂了，所以不能单单归因于人的器质因素或者环境因素。

所以本节的标题问题——"智力和某些特定能力之间有关系吗"，人们可以这样回答：智商值和一个领域的特定天赋无任何关联。这一点在以下这一类人群中尤为明显：他们在一个特定的领域展示出了高水平的专业知识，但是其智商值却较低。

7 智商高的人能更好地解决复杂问题吗?

在第三章第4部分我们已经说过，智力诊断的另一种方法以"复杂的问题解决机制"的说法发展起来，那些能操作复杂的计算机模拟场景的人引起了我们的重视。此外，人们还在思索一个问题，即：那些在测试中被认定是智商高的人们，他们能更好地解决复杂问题吗?

人们解决复杂问题的好坏看起来和其在测试中取得的成绩是无关的。为什么呢? 不像智力测验中的问题那样，计算机模拟场景中的问题设定通常是不明确的，这就使得预定目标不能被统一定义。人们期待被试验者能通过积极参与来发现这种场景，同时搜集到相应的信息。此外，问题结构缺乏透明度、用来衡量问题解决策略好坏的标准以及受试人的性格特征也发挥着一定的作用。那些影响问题解决策略的好坏的因素和智力测验之间的低相关性，可能因场景的不同而有差异。在第三章第4部分提到的洛豪森（Lohhausen）场景中，受试人对自己的能力进行了评估而使得自己缺乏自信，随之而来的是他们害怕失败的恐惧感上升，这将对问题解决起到消极的作用。这些人会倾向于快速、欠考虑的行为方式。与此相反，一个人智商的高低和其创造力则与市长游戏的成功没有关系。

然而在另一个场景中，问题解决策略的好坏和测试智力之间还是有关联的，比如在不是很复杂同时透明度也比较高的问题中。有时候对于这种问题解决策略，很显然还存在另外一种绩效评判标准，目的是为了显示：问题解决策略的好坏和测试智力之间确实是有关联的。现今来看，目前还不存在一种普遍的结论来评判一般智力和解决复杂问题能力之间存在着何种关系。[24]对于一些特定的智力方面，比如说加工能力（参见第三章第1部分柏林智力结构测验结果）则能很好地预测人们解决复杂问题的能力。[25]

第九章　提高智力

众所周知，环境因素对于智力有着不小的影响力，因此，人们想通过相应的训练项目来提高智力的这一想法也就不足为奇了。1957年，苏联发射了第一颗人造卫星[1]，震惊了美国人，因此，在20世纪60年代，美国确立了"早教计划"(Head Start)，人们对智力能力进行集中培训，以此来提高美国在冷战时期的竞争力。在此期间确立的计划如今又被人们进行重新评价：20世纪90年代的研究表明，当时确立的"早教计划"对今天仍有深远的影响。

1 提高智力的方法

在智力缺陷者的早期生活阶段，一些人想通过智力提高项目尽早提高他们的智力，提升他们的机会，因此，提高智力这一想法不仅吸引了这些人，还涉及了一个人内在的智力稳定性和恒定性这些问题。对于那些拥护基因预先决定个人智力的人们来说，每一项企图通过后天培养提高智力水平的计划从一开始便是注定要失败的。

但是，这一想法却一再在学校、学前和企业的培训项目中得到印证。虽然我们不清楚，通过这些培训项目，人们的智力是否真正提高了，还是只是一个特定的指标得到了提升。此外，人们还不清楚这种智力的提高是否具备长期性。

不同的智力提高方法

首先简单回顾一下不同的智力提高理论（Förderansätze）。在卡尔·约瑟夫·克劳尔（Karl Josef Klauer）1993年的论文当中，他对于培训项目的发展问题提出了五种不同的方法。[2]

第一种方法是关于培训的设计。这种培训虽然不必和真正的考试完全一样，但是二者的要求却是相似的。1980年，福伊尔施泰因（Feuerstein）提出了"工具强化"智力提高项目，随后这一项目在美国广泛流传开来。其最主要的观点即：人们只有通过游泳这件事才能学会游泳，同时，人们只有通过思考这件事才能学会思考。克劳尔的论文核心部分也表明了这个观点。

第二种方法则是关于训练领域的。这些训练领域和需要进行训练的能力存在着紧密的联系。比如说，如果记忆能力深刻影响着解决问题的能力，那么，如果人们想提高解决问题的能力，则可通过训练记忆能效来达到目的。

第三种方法将重心放到了特殊的培训方法上。这些特殊的培训方法和项目的成功与否无关。比如说，头脑风暴

（Brainstorming）这种方法可以使人们想出更有创意的解决问题的办法，以及"通过联想地点来帮助记忆"的记忆法可以促使人们更长时间地倾听人们的谈话、观察物体等。

若人们想要为认知过程分析制定培训方法，那么这就更加复杂了。这些培训方法是训练绩效的基础。如果人们用这种方式想要弄清楚哪些要素对于特定的、更为复杂的思考效能是很重要的，那么，单个的要素将被分开进行训练，以此来观察哪些要素能够提高思考效能。对于这个培训方法而言，其中心的问题是：人们是对外行人的认知过程进行分析，还是对专家的认知过程进行分析？因为专家的认知过程往往和外行人的认知过程是截然不同的，这也是最为困难的地方。

最后一种方法来自教学心理学领域。首先，人们对受训个人的目前状况和其期望达到的状态进行区分。其次，人们还要将教材进行适当的划分，按照学习心理学理论对教学次序进行合情合理的安排。

在德语区，人们按照克劳尔的"儿童思维训练（Denktraining）法"制定了一项思维促进项目，主要是为了提高5~8岁（思维训练一阶）以及10~13岁儿童的"归纳思维"（induktives Denken）能力。[3]就像在智力测验中（参见第三章第1部分）总结的下设标度那样（如词汇分类、图形分类、图形类比等），通过归纳思维人们可以发现一些规律。通过对这些因素的不同点、相同点以及其相互关系进行核查，人们便可以发现这些规律。

那么,在这个智力提高项目中,究竟是什么构成了真正的影响因素,直到现在还存在着争议[4]。根据相关报道,这项训练获得了成功,因此,这种争议可以说只是一个学术争端问题。从理论角度来说,究竟这些因素到底是什么,还是相当有趣的。但从受训者角度出发,他们认为这一问题并不是特别重要,因为通过训练,他们的成绩确实得到了提高。

2 天才

按照心理测量的智力定义标准,天才指的是那些IQ介于130(约占总数的2%)到140(约占总数的1%)以及140以上的那些人。从这个标准来看,有的人会认为这个范围多少有点随意性。但是,通过这个标准人们也可以得出这个结论,即,事实表明,只有极少数的一部分人能在智力测验中显示出非凡的能力,因此,我们将这一类人称为天才。一般来说,IQ值普遍被认为是衡量智力才能的标杆。

尽管天才在个人成长的早期阶段已经显现出来,但是,若想让智力得到充分、完全的发展,对其进行恰当的推动还是十分有必要的。几百年以来,尽管人们从心理学角度对天才进行了研究，但是人们的探究仍然集中在通过相应的心理测量方法（心理测量理论）尽早地发现这一类的天才。直到近代，人们才渐渐对那些构成高智商基础的认知进程（认知心理学理论）进行研究。

如今[5]，人们从天才的多因素决定模型出发。自此，人们一般认为那些在数学、自然科学、语言或者音乐方面有较高天赋的一小部分人是多种因素相互影响的结果，比如有个人因素（如个人动机、付出努力的意愿、自我管理等）、才华因素（如智力、创造力、乐感等）以及环境因素（如家庭环境、父母的受教育水平、家庭氛围、课堂氛围等）。在心理学家加涅（F. Gagné）的模型中，他从结构方面将一般天赋和特殊天赋进行了区分。从行为和绩效层面来说，这和不同领域的特定才能是相称的。[6]此外，在他的模型中，加涅还提出了所谓的"催化剂"假说，这些"催化剂"主要涉及个人动机、性格特征和人的社会化状况。

与此同时，人们还会问道：究竟是什么让这些人出类拔萃，显而易见，天才一般比常人具备更多的知识、更卓越的记忆能力，或者他们拥有更高的灵活性以及在执行任务时具备更高的效率。[7]从广义角度来看，这却是不正确的。因为天才的天赋并不是普遍适用的，而是依附于某项特定的任务。即，它是与任务紧密相关的。

此外，在对天赋的刻画方面不仅存在着量的区别，还具备着质的差异。在这种情况下，人们还要思考的是，学校里人们对绩效水平的评定相对来说是比较欠妥的，因为，在学校这片受保护的环境中，个人的创造性、社会能力只扮演着次要角色，而社会能力、自主行动以及创造力却在以后的工作生涯中占了较大的比重。这也就解释了，为什么在个人的中后期阶段，其创造的最佳成绩往往和校外绩效而不是校内绩效更加具备关联性。

3　天才的弱点

有些人在某些方面极具天赋，而这也恰恰给他们带来了相应的弱点，这是不容忽视的。这种弱点在学校就已经显现出来了。那些天分较高的孩子对典型的、一般的课堂活动显然不感兴趣，并不愿参与其中。这时，若人们没有对其进行恰当的课程设置的话，即使是天分极高的孩子也会由于缺乏动力而在考试中失利。

大多数人认为，天才一般体质较弱，社会参与性也较差，事实上却并不是这样。早在1921年，心理学家推孟便对超过1500个正处于小学教育阶段的高智商（IQ值介于135~200）孩子在身体状况、认知特点、性格特征方面进行了调查。[8]这项调查开了追踪调查的先例。这群样本也被亲切地称为"白蚁（Termites）[1]"，在总共60年的时间里，人们对这些孩子进行了大量纵向调查研究，以此来形成人们对高智商人群的清晰认识。

这份调查结果和大众对天才的设想完全相悖，天才并不是和社会格格不入的。调查显示：那些天才儿童总体来说身体更健康，他们在心理上也没有出现什么异常，比常人更受欢迎，有幽默感、具备领导才能，甚至慷慨大方。人们可采取恰当的措施尽量避免他们在小学时期出现的问题，具体的措施包括：丰富课堂内容（给他们布置额外的作业）、跳级、成立专门的班级（用更快的速度讲课、更少的传统课程设置）等。调查显示，在这些抽样调查中，大部分孩子不仅在教育上获得了成功，而且在今后的工作生涯中也取得了优异的成绩。

---

1 "Termites"，Termanites（推孟的人）的谐音。——编者注

第十章　总结

在前面的9章里，我们力求尽可能全面地向读者展现智力研究的相关情况。起初，大家也许对智力留下的是有些混沌的印象，我们希望，至此这个印象能演变成多方面的了解，其中也包括对智力这个心理学概念在社会政治维度的了解。智力这个概念从开始上学就影响着我们，直到选择工作岗位，再到职业生涯的成就，一直到慢慢变老——实际上几乎没有一个生活领域不受它的影响。

有关智力的研究已经明确得出，迄今既没有对智力这个概念做出统一的定义，也没有统一的研究视角。如果一定要找一个共同点的话，那就是人们都把智力理解为从经验中学习和适应环境要求的能力。

如何测量智力？这个问题很早就提出来了。不同的研究者们用不同的方式进行解答：高尔顿关注测量感觉中枢的功能和研究生理学上的区分能力，比奈意图通过测量高级认知功能来研究智力。从智力的不同角度着手测量智力的测验方法不计其数。这些测验大都是聚焦语言能力、计算能力、空间想象能力和逻辑推理能力。

智力研究的一个分支是探索智力的基本结构。人们采用数据分析和因子分析进行了很多研究。在因素数量这个基本问题

第十章 总结

上研究者们有着不同的观点：斯皮尔曼认为存在一个一般因素g，瑟斯顿认为有7种基本因素，吉尔福特甚至提出了150种智力类型。我们认为，加德纳的六元智力理论是最平衡的。

总是有这样的批评意见指出智力测验的结果不太贴近实际情况。由此发展而成了解决复杂问题的研究方向，他们自诩通过一系列计算机模拟情景能够更贴近实际。即便这样，他们也没有解释清楚，人们究竟是如何运用智力去解决复杂环境中的问题的？

除了研究智力水平或问题解决能力的工具性理念，我们也介绍了发展心理学角度的尝试，它们主要关注认知能力的发展。例如，我们介绍了瑞士心理学家让·皮亚杰的研究。与心理测量的研究方法不同，皮亚杰的研究旨在发现智力发展过程中的规律，而不在于查明成绩差异。

我们还探讨了测试到的智力与人类生活中重要领域之间的关系。例如，测试到的智力高低与学习成绩之间就存在一定的关系（前提当然是智力测验的效度可以确定！），但与职业成功、解决复杂问题的能力、创造力和专业知识之间却看起来几乎没有或根本没有关联。其实，即便发现测试智力与某一特征有相关性，也远远不能解释清楚有关智力的因果机制。人们还没有找到通过实验去研究基本认知进程的方法。

智力测验发展过程中的一个根本问题在于智力这个概念的文化局限性。一个人如何理解智力，认为什么是重要的，至少部分取决于文化和社会背景。同样的行为在一种文化看来是聪明的，在另一种文化看来则有可能是愚蠢的。历史上，简单地将我们的标准和观点转嫁到其他文化里一再导致了社会和人道上的不公平。所以，新的研究尝试明确、详尽地融合文化和社会对智力的决定因素。

这些研究认为，虽然文化和场景因素会影响人们对智力的理解，但智力行为的根本认知进程总是相同的：每种文化中的人都要学习推理，都要习得一些能力，都要学会解决问题。在这方面我们介绍了加德纳的多元智力理论和斯滕伯格的智力三元论。

另外一个与此相关联的，也是政治上反复讨论的角度是：遗传与环境之争。它主要讨论智力从根本上是天生的还是习得的。智力究竟在多大程度上是天生的、多大程度上是遗传的这个问题，至今没有统一答案。目前人们认为，智力能力在一定程度上是由基因决定的，但大多数认知能力也是可以训练的。遗传因素可能决定了一个人究竟能有多聪明的上限，但斯滕伯格（2006）[1]认为没有理由确定已经达到了这个上限。在能对智力进行训练的理论框架下，认知心理学能够帮助人们理解人类智力的基础，并促进其发展。

智力这个概念自始至终都能引发热烈的讨论与争论，具有迫切的现实意义。因此，尽可能客观地、实事求是地进行智力研究就显得尤为重要。如果本书的介绍能给相关讨论贡献更多丰富的客观理据，我们的目的也就达到了。

附 录

本章偏技术导向，意在解释两个变量间的相关性，这是对全文理解都非常重要的概念。还有就是介绍一下因子分析的方法。

1 什么是相关性？它说明了什么？

相关性反映的是两组测量值之间的关系。例如，针对一抽样人群的两组测量数据都朝着均值的同一个方向偏离。如果大部分人的体重超出均值，同时他们的身高也超出均值，那么体重和身高之间就存在正相关关系。假设体重超出均值，同时身高总是低于均值，那么体重和身高之间就呈负相关关系。如果任意体重值都有可能与任意身高值对应，即体重与身高的变化无规律可言，那么它们之间就没有相关性，即零相关。图11展示了不同的相关关系。

相关关系的紧密程度在数据上由相关系数 r_{xy} 体现。相关系数的取值范围介于 -1 和 +1 之间，-1 表示完全负相关（如图11中B所示），+1 表示完全正相关（如图11中A所示）。相关系数为0则表示零相关（如图11中D所示）。完全相关很少见，大多数情况下相关系数在-1和+1之间（如图11中C所示）。根据所观察变量的性质，需用不同的计算方法分析两者之间的相关性。

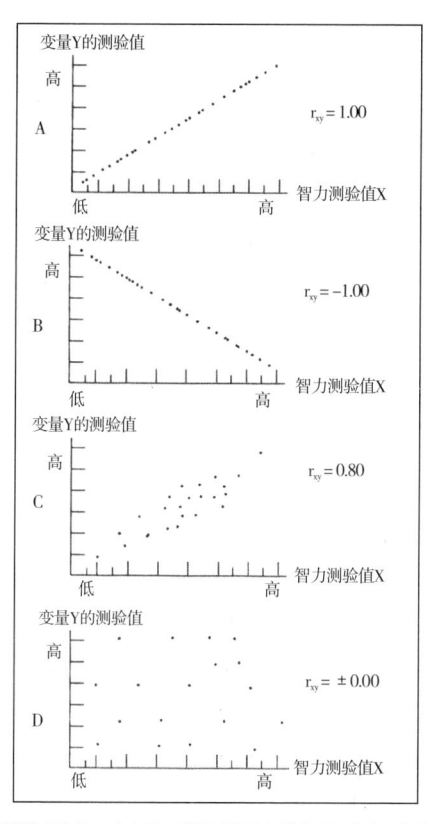

图11 智力测验值X和另一个变量Y的测验值的相关关系：完全正相关（A），完全负相关（B），相关系数为0.80时的正相关（C），零相关（D）

相关性说明了什么呢？如果两组测量值之间有相关性，还不能推断两者之间是因果关系。严格地说，仅仅依靠相关关系不能断定两组变量之间有关联。来看一个例子。[1]在一项关于性格特征的研究中，将成功艺术家与不成功的人群进行比较。这种情况下会假设，研究得出的性格差异是成功的基础条件。假设，成功艺术家比不成功的人群更自信，那么，能否推断自信是成功的原因呢？不能。因为实际上人们只是发现自信和成功之间有关联，而因果关系有三种不同的种类：①自信是成功的原因。因为较强的自信心，人们不会受其他观点影响，更容易践行自己的新想法。②自信是成功的结果。自己的成功能够提升自信心。③自信与成功根本没有直接关联。人们也许会发现，成功人士一般比非成功人士经济条件更好，这种情况下，良好的经济条件可能是自信心更强和更成功的原因。也就是说，自信心和成功之间虽然有关系，但并不是一种直接关联，两者只是有着共同的原因。

2 因子分析

因子分析尝试用数学的方法探求一组测验里不同变量A、B、C等背后存在的独立的维度（即因素）。这样就要研究这些变量之间的相关关系。如果不同的变量之间都呈现出完全相关，就可以推断所有这些变量其实都与同一个因素有关系。如果所有变量之间都呈现出零相关，就可以猜测每个变量测量到的都是与其他变量不相关的、独立的东西，就代表了一种独立的因素，否则肯定会出现与零相关不同的相关关系。

所以，第一步要做的是用一个因素去解释相关矩阵中尽可能多的变量的方差。对于余下变量的方差，要用与第一个因素不相关的、独立的因素去解释，即第二个因素。如果还有剩下的显著的方差，就考虑形成与前两个因素都不相关的、独立的第三个因素，等等。测验中的变量是相关矩阵的基础，当然，分析得出的因素的数量应该远远低于测验中变量的数量。因此，因子分析是一种浓缩变量的方法。

因子分析在线性组合框架下不仅能研究隐藏在一系列变量背后的隐性因子，还能确定每个变量对这些因子的作用（因子载荷，又称因子负荷）。因子载荷表示因子内容上的重要性：高负荷变量指对某一因子贡献大的、因此对因子定义十分重要的变量。

进行因子分析因为要使用矩阵所以工作相当烦琐：如果有200个变量，首先应该确定出约20000个相关系数，然后对它们进行复杂的数学运算——这必须借助电子数据处理方法来操作，否则非常费时费力。

尽管这个方法非常精密和科学，但主观决定也起着很大作用，譬如决定潜在维度的数量，或者决定潜在维度之间是否相关、是否彼此独立。另外，针对因子结构或因子数量的假设是不能进行证伪的（至少传统的操作方法不行）——即便测量数据里面包含随机数据，因子分析的方法也能得出结果。最新的数据处理方法（线性结构方程模型，LISREL）正尝试克服这些不足。[2]

参考文献

I. Intelligenz: Was ist das?

1 Sternberg, R.S., Conway, B.E., Bernstein, M. & Ketron, J.C. (1981). Peoples conceptualisations of intelligence. *Journal of Personality and Social Psychology*, 41, 37–55.
2 Kail, R. & Pellegrino, J.W. (1988). *Menschliche Intelligenz.* Heidelberg: Spektrum (Original erschienen 1985).
3 Boring, E.G. (1923). Intelligence as the tests test it. *New Republic*, 6, 35–37.
4 Sternberg, R.J. & Detterman, D.K. (Eds.) (1986). *What is intelligence?* Contemporary viewpoints on its nature and definition. Norwood, NJ: Ablex Publishing.
5 Anastasi, A. (1986). Intelligence as a style of behavior. In: R.J. Sternberg & D.K. Detterman (Eds.), *What is intelligence?* (pp. 19–21). Norwood, NJ: Ablex Publishing.
6 Eysenck, H.J. (1986). Intelligence: The new look. *Psychologische Beiträge*, 28, 332–365.
7 Stern, W. (1911). *Die differentielle Psychologie in ihren methodischen Grundlagen.* (Hrsg. von Kurt Pawlik. – Nachdruck der 2. Auflage Leipzig, Barth 1911.) Göttingen: Huber, 1994.
8 Zur Entwicklungsgeschichte der Intelligenz vgl. Klix, F. (1985). *Erwachendes Denken. Eine Entwicklungsgeschichte der menschlichen Intelligenz.* Berlin: Deutscher Verlag der Wissenschaften. – Hassenstein, B. (1988). *Klugheit. Bausteine zu einer Naturgeschichte der Intelligenz.* Stuttgart: Deutsche Verlags-Anstalt.

II. Aus der Geschichte der Intelligenzforschung

1 Sieber, B. (1982). Der Mensch auf dem „Prüfstand": Testpsychologie. In: R. Stalmann (Hrsg.), *Kindlers Handbuch für Psychologie* (S. 275–305). München: Kindler.
2 Gerling, R. (1930). *Praktische Menschenkenntnis.* Berlin: Deutsches Verlagshaus Borg & Co.
3 Gould, J. (1983). *Der falsch vermessene Mensch.* Basel: Birkhäuser (Original erschienen 1981).
4 Das Zitat von Galton stammt aus der deutschen Übersetzung von 1910, S. XII, und ist zitiert nach: Grubitzsch, S. & Rexilius, G. (1985). *Testtheorie – Testpraxis.* Reinbek bei Hamburg: Rowohlt.
5 Diese Anmerkung zu Darwins Standpunkt findet sich bei Klein, K.-M. (1995). *Experimentelle Untersuchungen zu zwei Invarianzhypothesen des Kurzzeitgedächtnisses.* Bonn: Pace.

6 Binet, 1912, zitiert nach Gould, J. (1983). *Der falsch vermessene Mensch*. Basel: Birkhäuser (Original erschienen 1981).
7 Vgl. dazu auch: Schmid, R. (1977). *Intelligenz- und Leistungsmessung: Geschichte und Funktion psychologischer Tests*. Frankfurt a. M.: Campus.
8 Thomae, H. & Feger, H. (1976). *Einführung in die Psychologie (Band 7): Hauptströmungen der neueren Psychologie*. Wiesbaden: Akademische Verlagsgesellschaft.
9 Siehe dazu auch: Carroll, J.B. (1995). Reflections on Stephen Jay Gould's The mismeasure of man (1981): A retrospective review. *Intelligence, 21*, 121–134.

III. Wie mißt man Intelligenz, und was wird gemessen?

1 Einen ausführlicheren Abriß der historischen Entwicklung findet man in folgenden Quellen: Groffmann, K.-J. (1983). Die Entwicklung der Intelligenzmessung. In: K.-J. Groffmann & L. Michel (Hrsg.), *Intelligenz- und Leistungsdiagnostik* (= Enzyklopädie der Psychologie, Themenbereich B, Serie II, Band 2, S. 1–103). Göttingen: Hogrefe. – Tuddenham, R.D. (1963). The nature and measurement of intelligence. In: L. Postman (Ed.), *Psychology in the making. Histories of selected research problems* (pp. 469–525). New York: Alfred A. Knopf. – Lamberti, G. (Ed.) (2006). *Intelligenz auf dem Prüfstand. 100 Jahre Psychometrie*. Göttingen: Vandenhoeck & Ruprecht.
2 Dieser Satz, der erstmals wohl von Boring (1923) formuliert wurde, durchzieht sämtliche Lehrbücher zur Intelligenz – auch wir können daher nicht an ihm vorbei. [Boring, E.G. (1923). Intelligence as the tests test it. *The New Republic, 34*, 35–36.]
3 „Bellevue" ist der Name der Psychiatrischen Klinik in New York, an der Wechsler als Leitender Psychologe arbeitete.
4 Holling, H., Preckel, F. & Vock, M. (2004). *Intelligenzdiagnostik*. Göttingen: Hogrefe.
5 Schorr, A. (1995). Stand und Perspektiven diagnostischer Verfahren in der Praxis. Ergebnisse einer repräsentativen Befragung westdeutscher Psychologen. *Diagnostica, 41*, 3–20.
6 Weitere Informationen zur Intelligenzdiagnostik finden sich bei Guthke, J. (1996). *Intelligenz im Test. Wege der psychologischen Intelligenzdiagnostik*. Göttingen: Vandenhoeck & Ruprecht.
7 Die Konzeption des BIS ist beschrieben in folgendem Artikel: Jäger, A.O. (1982). Mehrmodale Klassifikation von Intelligenzleistungen: Experimentell kontrollierte Weiterentwicklung eines deskriptiven Intelligenzstrukturmodells. *Diagnostica, 28*, 195–225. Der komplette Test ist erst sehr viel später publiziert worden: Jäger, A.O., Süß, H.-M. & Beauducel, A. (1997). *Berliner Intelligenzstruktur Test. BIS-Test, Form 4*. Göttingen: Hogrefe.

8 Fay, E. (1996). *Tests unter der Lupe. Aktuelle Leistungstests – kritisch betrachtet. Band 1.* Heidelberg: Asanger. Inzwischen liegen 4 weitere Bände dieser testkritischen Reihe vor.

9 Einen Überblick über das Konzept der Lerntests findet man bei: Guthke, J. & Wiedl, K.H. (1996). *Dynamisches Testen. Zur Psychodiagnostik der intraindividuellen Variabilität.* Göttingen: Hogrefe.

10 Informationen zum Assessment-Center-Verfahren bei: Hesse, J. & Schrader, H.-C. (2002). *Assessment Center. Das härteste Personalauswahlverfahren. Worum es geht. Worauf es ankommt. Was Sie wissen müssen.* Frankfurt a. M.: Eichborn.

11 Zur klassischen Testtheorie siehe das Standardwerk von Lienert, G.A. (1969). *Testaufbau und Testanalyse.* Dritte, durch einen Anhang über Faktorenanalyse ergänzte Auflage. Weinheim: Beltz. – Neuere Entwicklungen sind beschrieben bei Rost, J. & Strauß, B. (1992). Recent developments in psychometrics and test theory. *German Journal of Psychology, 16,* 91–119.

12 Forschung zum Umgang mit komplexen Szenarien beschreibt Funke, J. (2003). *Problemlösendes Denken.* Stuttgart: Kohlhammer.

13 Dörner, D., Kreuzig, H.W., Reither, F. & Stäudel, T. (1983). *Lohhausen. Vom Umgang mit Unbestimmtheit und Komplexität.* Bern: Huber.

14 Putz-Osterloh, W. & Lüer, G. (1981). Über die Vorhersagbarkeit komplexer Problemlöseleistungen durch Ergebnisse in einem Intelligenztest. *Zeitschrift für Experimentelle und Angewandte Psychologie, 28,* 309–334.

15 Funke, J. (1992). *Wissen über dynamische Systeme: Erwerb, Repräsentation und Anwendung.* Heidelberg: Springer.

16 Funke, U. (1993). Computergestützte Eignungsdiagnostik mit komplexen dynamischen Szenarios. *Zeitschrift für Arbeits- und Organisationspsychologie, 37,* 109–118.

IV. Klassische Intelligenzmodelle

1 Spearman, C. (1904). General intelligence, objectively determined and measured. *American Journal of Psychology, 15,* 201–293.

2 Zitiert nach Thomae, H. & Feger, H. (1976). *Einführung in die Psychologie (Band 7): Hauptströmungen der neueren Psychologie.* Wiesbaden: Akademische Verlagsgesellschaft.

3 Zur Proportionalitätsannahme siehe: Guilford, J. (1954). *Psychometric methods.* New York: McGraw-Hill, S. 473f.

4 Horn, J.L. (1968). Organization of abilities and the development of intelligence. *Psychological Review, 75,* 242–259.

V. Moderne Intelligenzkonzeptionen

1 Zur Kritik an Eysenck siehe: Hirsch, A. (1989). *Rechte Psychologie: Hans-Jürgen Eysenck und seine Wissenschaft*. Heidelberg: Asanger.
2 Eysenck, H.J. (1986). Intelligence: The new look. *Psychologische Beiträge, 28*, 332–365.
3 Sternberg, R.J. (1996). *Cognitive psychology*. Philadelphia: Harcourt Brace. Das genannte Zitat stammt von S. 503.
4 Gardner, H. (1985). *Abschied vom IQ: Die Rahmentheorie der vielfachen Intelligenzen*. Stuttgart: Klett Cotta (Original erschienen 1983). Seine aktuellen Vorstellungen sind zu finden in Gardner, H. (2002). *Intelligenzen, die Vielfalt des menschlichen Geistes*. Stuttgart: Klett-Cotta.
5 Goleman, D. (1996). *Emotionale Intelligenz*. München: Carl Hanser (Original erschienen 1995).
6 Salovey, P. & Mayer, J.D. (1990). Emotional intelligence. *Imagination, Cognition and Personality, 9*, 185–211.
7 Csikszentmihalyi, M. (2008). *Flow: Das Geheimnis des Glücks*. 14. Auflage. Stuttgart: Klett-Cotta.

VI. Der ewige Streit: Die Anlage-Umwelt-Debatte

1 Auch ein vererbungstheoretischer Standpunkt kann durchaus entwicklungsfördernden Maßnahmen gegenüber offen sein. So ist z. B. die Phenylketonurie (PKU) eine angeborene Stoffwechselstörung, deren schädliche Auswirkungen auf die Gehirnentwicklung durch eine frühzeitige Diagnose und eine auf die Krankheit abgestimmte Diät in den ersten Lebensjahren fast vollständig vermieden werden können. Diese Erkenntnis wird sich auch ein Erblichkeitstheoretiker zunutze machen.
2 Die Anlage-Umwelt-Debatte und ihre Konsequenzen werden erörtert bei: Quitzow, W. (1990). *Intelligenz – Erbe oder Umwelt? Wissenschaftliche und politische Kontroversen seit der Jahrhundertwende*. Stuttgart: Metzler.
3 Mackintosh, N.J. (1995). *Cyril Burt: Fraud or framed?* Oxford: University Press.
4 Kamin, L.J. (1979). *Der Intelligenzquotient in Wissenschaft und Politik*. Darmstadt: Steinkopff.
5 Bouchard, T.J., Lykken, D.T., McGue, M., Segal, N.L. & Tellegen, A. (1990). Sources of human psychological differences: The Minnesota study of twins reared apart. *Science, 250*, 223–250.
6 Henderson, N.D. (1982). Human behavior genetics. *Annual Review of Psychology, 33*, 403–440.
7 Aus: Kail, R. & Pellegrino, J.W. (1988). *Menschliche Intelligenz*. Heidelberg: Spektrum (Original erschienen 1985).

VII. Entwicklung der Intelligenz

1 Piaget zit. nach: Buggle, F. (1995). *Die Entwicklungspsychologie Jean Piagets* (2., überarbeitete Auflage). Stuttgart: Kohlhammer.
2 Piaget, J. & Inhelder, B. (1977). *Die Psychologie des Kindes.* Frankfurt a. M.: Fischer Taschenbuch (Original erschienen 1966).
3 Bryant, P.E. & Trabasso, T. (1971). Transitive inferences and memory in young children. *Nature, 232,* 457–459. Zit. nach Trautner, H.M. (1995). *Allgemeine Entwicklungspsychologie.* Stuttgart: Kohlhammer.
4 Montada, L. (1995). Die geistige Entwicklung aus der Sicht Jean Piagets. In: R. Oerter & L. Montada (Hrsg.), *Lehrbuch der Entwicklungspsychologie.* Weinheim: Beltz, PVU. – Trautner, H.M. (1995). *Allgemeine Entwicklungspsychologie.* Stuttgart: Kohlhammer.
5 Eine kompakte Darstellung der Methoden der Entwicklungspsychologie findet sich in folgendem Buchkapitel: von Eye, A. (2007). Spezielle Auswertungsmethoden der Entwicklungspsychologie. In: M. Hasselhorn & W. Schneider (Hrsg.), *Handbuch der Entwicklungspsychologie* (pp. 658–670). Göttingen: Hogrefe.
6 Baltes, P.B. & Smith, J. (1990). Weisheit und Weisheitsentwicklung: Prolegomena zu einer psychologischen Weisheitstheorie. *Zeitschrift für Entwicklungspsychologie und Pädagogische Psychologie, 22,* 95–135.
7 Siehe Anmerkung 6.
8 Zur Psychologie im mittleren Alter informiert: Kruse, A. & Schmitz-Scherzer, R. (Eds.) (1995). *Psychologie der Lebensalter.* Darmstadt: Steinkopff.

VIII. Beziehungen der Intelligenz zu anderen Bereichen

1 Für weitere Informationen zu Korrelaten siehe: Hagemann, D. (2006). *Differentielle Psychologie und Persönlichkeitsforschung. Sechste, vollständig überarbeitete Auflage.* Stuttgart: Kohlhammer, insbes. S. 200 ff. Ein aktueller Überblick zum Thema Intelligenz findet sich in: Sternberg, R.J. (2005). Intelligence. In: K.J. Holyoak & R.G. Morrison (Eds.), *The Cambridge handbook of thinking and reasoning* (pp. 751–774). Cambridge: Cambridge University Press.
2 Süllwold, F. (1977). Intelligenzdiagnostik und Intelligenztheorie. In: *Die Psychologie des 20. Jahrhunderts, Band V: Binet und die Folgen.* Zürich: Kindler.
3 Zur Kritik am Konzept der intrinsischen Motivation vgl. Holzkamp, K. (1993). *Lernen. Subjektwissenschaftliche Grundlegung.* Frankfurt a. M.: Campus.
4 Brody, E.B. & Brody, N. (1976). *Intelligence: Nature, determinants, and consequences.* New York: Academic Press.
5 Zimbardo, P.G. & Gerrig, R.J. (2005). *Psychologie* (7. Auflage). Heidelberg: Springer.

6 Schmidt-Atzert, L. & Deter, B. (1993). Die Vorhersage des Ausbildungserfolgs bei verschiedenen Berufsgruppen durch Leistungstests. *Zeitschrift für Arbeits- und Organisationspsychologie, 37*, 191–196.
7 Gardner, H., Kornhaber, M.L. & Wake, W.K. (1996). *Intelligence: Multiple perspectives*. Cambridge: Harcourt Brace.
8 Sternberg, R.J. (1985). *Beyond IQ: A triarchic theory of human intelligence*. Cambridge: Cambridge University Press.
9 Hofstätter, P.R. (1972). *Psychologie. Das Fischer Lexikon*. Frankfurt a. M.: Fischer.
10 Weisberg, R. (1989). *Kreativität und Begabung*. Heidelberg: Spektrum (Original erschienen 1986). – Sternberg, R.J., Lubart, T.I., Kaufman, J.C. & Pretz, J.E. (2005). Creativity. In: K.J. Holyoak & R.G. Morrison (Eds.), *The Cambridge handbook of thinking and reasoning* (pp. 351–370). Cambridge: Cambridge University Press. – Funke, J. (2009). On the psychology of creativity. In P. Meusburger, J. Funke & E. Wunder (Eds.), *Milieus of creativity*. Dordrecht: Springer.
11 Beispiel in Anlehnung an Weisberg (1989), s.o.
12 Sarason, S.B. & Doris, J. (1979). *Educational handicap, public policy, and social history*. New York: Free Press.
13 Ceci, S. (1991). How much does schooling influence general intelligence and its cognitive components? A reassessment of the evidence. *Developmental Psychology, 27*, 703–722.
14 Loehlin, J.C., Lindzey, G. & Spuhler, J.N. (1975). *Race differences in intelligence*. San Francisco: Freeman.
15 Broman, S.H., Nichols, P.I. & Kennedy, W.A. (1973). *Preschool IQ: Prenatal and early developmental correlates*. Hillsdale, NJ: Erlbaum.
16 Scarr, S. & Weinberg, R.A. (1976). IQ test performance of black children adopted by white families. *American Psychologist, 31*, 726–739.
17 Cole, M. (1974). *Culture and thought: A psychological introduction*. New York: Wiley.
18 Möbius (1900), zitiert nach Kornfeld, S. (1900). Ueber den „physiologischen Schwachsinn" des Weibes. *Klinisch-therapeutische Wochenschrift, 46*, 1469–1475.
19 Fernald, D.L. (1997). *Psychology*. Upper Saddle River, NJ: Prentice-Hall.
20 Kail, R. & Pellegrino, J.W. (1988). *Menschliche Intelligenz*. Heidelberg: Spektrum (Original erschienen 1985).
21 Cooper, L.A. & Shepard, R.N. (1973). Chronometric studies of the rotation of mental images. In: W.G. Chase (Ed.), *Visual information processing*. New York: Academic Press.
22 Treffert, D.A. (1989). *Extraordinary people: Understanding „idiot savants"*. New York: Harper & Row.
23 Cheatham, S.K., Rucker, H.N., Polloway, E.A., Smith, J.D. & Lewis, G.W. (1995). Savant Syndrome: Case Studies, Hypo for special educa-

tion. *Education and Training in Mental Retardation and Developmental Disabilities, 30*, 243–253.
24 Beckmann, J.F. & Guthke, J. (1995). Complex problem solving, intelligence, and learning ability. In: P.A. Frensch & J. Funke (Eds.), *Complex problem solving: The European perspective*. Hillsdale, NJ: Lawrence Erlbaum.
25 Einen guten Überblick liefert Süß, H.-M. (1999). Intelligenz und komplexes Problemlösen – Perspektiven für eine Kooperation zwischen differentiell-psychometrischer und kognitionspsychologischer Forschung. *Psychologische Rundschau, 50*, 220–228.

IX. Förderung der Intelligenz

1 Im Jahre 1957 gelang es den Russen erstmals, einen Satelliten im All zu landen und damit vor den Amerikanern den Weltraum zu erobern.
2 Klauer, K.J. (Hrsg.) (1993). *Kognitives Training*. Göttingen: Hogrefe.
3 Klauer, K.J. (1989). *Denktraining für Kinder I*. Göttingen: Hogrefe. – Klauer, K.J. (1991). *Denktraining für Kinder II*. Göttingen: Hogrefe.
4 Kritische Äußerungen finden sich z.B. in folgendem Beitrag: Hasselhorn, M. & Hager, W. (1995). Neuere Programme zur Denkförderung bei Kindern: Wie effektiv sind sie im Vergleich zu herkömmlichen Wahrnehmungsübungen? *Psychologie, Erziehung, Unterricht, 42*, 221–233.
5 Siehe z.B. Heller, K.A. (Hrsg.) (1992). *Hochbegabung im Kindes- und Jugendalter*. Göttingen: Hogrefe.
6 Gagné, F. (1985). Giftedness and talent: Reexamining a reexamination of the definitions. *Gifted Child Quartely, 29*, 103–112.
7 Vgl. Waldmann, M. & Weinert, F.E. (1990). *Intelligenz und Denken. Perspektiven der Hochbegabungsforschung*. Göttingen: Hogrefe, S. 92ff.
8 Terman, L.M. (1954). Scientists and nonscientists in a group of 800 gifted men. *Psychological Monographs, 68* (7).

X. Resümee

1 Sternberg, R.J. (2006). Intelligence. In: K. Pawlik & G. d'Ydewalle (Eds.), *Psychological concepts. An international historical perspective* (pp. 163–196). Hove: Psychology Press.

XI. Anhang

1 Das Beispiel ist an eines von Robert Weisberg (1989) angelehnt, der in seinem Buch *Kreativität und Begabung* dieses Problem erläutert.
2 Eine komprimierte Darstellung findet man in folgendem Buchkapitel: Schönemann, P.H. & Borg, I. (1996). Von der Faktorenanalyse zu den Strukturgleichungsmodellen. In: E. Erdfelder, R. Mausfeld, T. Meiser, & G. Rudinger (Hrsg.), *Handbuch Quantitative Methoden*. Weinheim: Psychologie Verlags Union.

关键词

A

调节 Akkomodation 71

安妮·阿纳斯塔西 Anastasi, Anne 04

遗传与环境之争 Anlage-Umwelt-Debatte 63，126

亚里士多德 Aristoteles 07，97

陆军甲种测验 Army-Alpha-Test 18

陆军乙种测验 Army-Beta-Test 18

评估中心 Assessment Center 33，37

同化 Assimilation 71

B

保尔·巴尔特斯 Baltes, Paul 47，85

天赋，也见天才、特殊天赋 Begabung, s.a. Hochbegabung, Spezialbegabung 59

柏林智力结构测验 Berliner Intelligenzstruktur-Test (BIS) 23，24，113

职业 Beruf 83

  职业契合测评，也见评估中心 Berufseignungstests, s.a. Assessment Center 18

运动智力 Bewegungsintelligenz 58

阿尔弗雷德·比奈 Binet, Alfred 04，12，40，70，105，124

比奈–西蒙量表 Binet-Simon-Skala 14

比奈量表 Binet-Skala 12，40

奥托·鲍勃塔格 Bobertag, Otto 17

埃德温·波林 Boring, Edwin 03

托马斯·布沙尔 Bouchard, Thomas 65

头脑风暴 Brainstorming 117

彼得·布赖恩特 Bryant, Peter 81

西里尔·伯特爵士 Burt, Sir Cyril 17，65

C

詹姆斯·麦基恩·卡特尔 Cattell, James McKeen 11

雷蒙德·卡特尔 Cattell, Raymond B. 45

史蒂芬·切奇 Ceci, Stephen 101

阿朗佐·克莱蒙 Clemens, Alonzo 110

迈克尔·科尔 Cole, Michael 103

沃尔夫冈·康拉德 Conrad, Wolfgang 23

乔治·居维叶男爵 Cuvier, Georges Baron 09

D

查尔斯·达尔文 Darwin, Charles 10，11

思维 Denken

  发散思维 - divergentes 98

  灵活性 - Flexibilität des 98

  形式运算 - formal-operatives 71，79

  归纳思维 - induktives 118

  具体运算 - konkret-operatives 71，77

  收敛思维 - konvergentes 98

  前运算 - voroperatives 71，75，81

思维训练 Denktrainig 118

伯恩哈德·迪特 Deter, Bernhard 94

迪特里希·德尔纳 Dörner, Dietrich 34，36

三座山实验 Drei-Berg-Versuch 76

E

赫尔曼·艾宾浩斯 Ebbinghaus, Hermann 14

单因素模型 Ein-Fraktor-Konzeption 40

平衡 Equilibration 71

优生计划 Eugenik-Programme 67

专家知识 Expertenwissen 85

专业知识 Expertise 85，109，112

汉斯-尤尔根·艾森克 Eysenck, Hans-Jürgen 04，52，102

F

因子分析 Faktorenanalyse(n)　03，40，43，46，49，50，124，128

恩斯特·法伊 Fay, Ernst　28

瑞文·福伊尔施泰因 Feuerstein, Reuven　117

智力提高理论 Förderansätze　117

阿纳托尔·法朗士 France, Anatole　09

G

弗兰克斯·加涅 Gagné, Francoys　120

弗伦茨·约瑟夫·加尔 Gall, Franz Joseph　08

弗朗西斯·高尔顿 Galton, Sir Francis　09，124

霍华德·加德纳 Gardner, Howard　52，57，62，94，125

亨利·戈达德 Goddard, Henry　18，67，101

约翰·沃尔夫冈·冯·歌德 Goethe, Johann Wolfgang von　08

丹尼尔·戈尔曼 Goleman, Daniel　60

基本智力测验 Grundintelligenztest (CFT)　23，47

吉尔福特 Guilford J.P.　33，47，98

H

汉堡–韦克斯勒智力测验 Hamburg-Wechsler-Intelligenztest　22

　韦氏成人智力测验 - für Erwachsens (HAWIE)　23，28

韦氏儿童智力测验 - für Kinder (HAWIK) 23

行为模式 Handlungsschemata 73

维克多·亨利 Henri, Victor 13

约翰·戈特弗里德·赫尔德 Herder, Johann Gottfried 08

天才 Hochbegabung 119

霍安·瓦尔特 Huarte, Joan 06

I

智障学者 Idiot-Savants 59

 也见学者症候群 s.a. Savant-Syndrom 109

信息处理 Informationsverarbeitung 03，54，85

芭芭拉·英海尔德 Inhelder, Barbara 79

智力 Intelligenz

 学术智力 - akademische 94

 智力与年龄 - und Alter 21，25，71，83

 生物学智力 - biologische 52

 智力的定义 - Definiton von 02，21，89

 情绪智力 - emotionale 30，61

 流体智力 - fluide 45，83

 智力与性别 - und Geschlecht 104

 交往交流智力 - interpersonale 58

 自知自省智力 - intrapersonale 58

  智力理论 - Konzept der 52
  智力和创造性 - und Kreativität 97
  晶体智力 - kristalline 45，83，85
  逻辑数理智力 - logisch-mathematische 57
  运动智力 - motorische 58
  音乐智力 - musikalische 57
  人际智力 - personale 56，62
  实际智力 - praktische 85
  心理测量智力 - psychometrische 52，100，119
  空间智力 - räumliche 57
  社会智力 - soziale 32，52，86
  语言智力 - sprachliche 57
智龄 Intelligenzalter(IA) 14
智力诊断学 Intelligenzdiagnostik 20，33，112
智力发展 Intelligenzentwicklung 04，70
  人一生的智力发展 - über die Lebensspanne 70，83
提高智力的方法 Intelligenzförderprogramme 116
智力研究 Intelligenzforschung 04，85，100，124
  智力研究的历史 - Geschichte der 06
智力测量 Intelligenzmessung 06，09，20，29
  心理测量智力 - psychometrische 22，33
智力测量方法 Intelligenzmeßverfahren 12

智力模型 Intelligenzmodelle
 因子分析智力模型 - faktorenanalytische 49
 传统智力模型 - klassische 40，50，60
  传统智力模型的可用性 - Brauchbarkeit von 50
 现代智力模型 - moderne 51
智商 Intelligenzquotient(IQ) 16，21，32，54，64，66，67，90，92，99，109，111，119
 离差智商 - Abweichungswert 17，21
 智商标准差 - Standardabweichung 21
智力提高 Intelligenzsteigerung 116
智力结构模型 Intelligenzstrukturmodell 25
智力结构测验 Intelligenzstrukturtest (IST) 23
智力测验 Intelligenztests 03，12，21，47，88，93，112，119
 德国的智力测验 - in Deutschland 23
 儿童智力测验，也见韦氏儿童智力测验 - bei Kindern s.a. HAWIK 14，70，88
 经典智力测验 - klassische 32，36
 智力测验的相关批评 - Kritik an 29
 智力测验的文化局限性 - Kulturgebundenheit von 29，47，126
 文化专属智力测验 - klulturspezifische 104
 智力测验与学习成绩 - und Schulleistung 88
 智力测验效度评价 - Validitätsbestimmung von 88

智力三元论 Intelligenztriade　54，126

智力差异 Intelligenzunterschiede

 天生智力差异 - angeborene　13

 性别间的智力差异 - zwischen Geschlechtern　104

 文化间的智力差异 - zwischen Kulturen　100

J

阿道夫・耶格尔 Jäger, Aldolf O.　25

阿瑟・詹森 Jensen, Arthur　67

K

日历计算 Kalenderrechnen　110

莱昂・卡明 Kamin, Leon　65

考夫曼儿童成套评价测验（考夫曼-ABC）Kaufman Assessment Battery for Children (Kaufman-ABC)　23

分类 Klassifikation　77

卡尔・约瑟夫・克劳尔 Klauer, Karl Joseph　117

认知能力 Kognitive Fähigkeiten　100，125

复杂问题，也见解决复杂问题的能力，场景 Komplexe Probleme s.a. Problemlösefähigkeit, Szenarien　35，100，112，125

成分亚理论 Komponentensubtheorie　54

情境亚理论 Kontextsubtheorie　54

收敛思维 Konvergentes Denken 98

守恒概念 Konzept der Erhaltung 77

相关性 Korrelation 10, 41, 47, 65, 88, 93, 113, 125

创造力 Kreativität 88, 97, 113, 125

费利克斯·克吕格尔 Krueger, Felix 41

文化因素，也见智力的文化局限性 Kulturelle Faktoren, s.a. Intelligenz, Kulturgebundenheit von 29, 91, 100

L

纵向研究 Längsschnittstudien 84

约翰·卡斯帕·拉瓦特尔 Lavater, Johann Kaspar 08

能力水平，个体的 Leistungsfähigkeit, individuelle 14

成绩测试系统 Leistungsprüfsystem (LPS) 23, 45

成绩差异 Leistungsunterschiede 91, 125

    当前成绩差异 - aktuelle 13

儿童学习障碍 Lernbehinderungen bei Kindern 13

学习能力 Lernfähigkeit 32

学习测验 Lerntests 32

M

约翰·迈耶 Mayer, John 61

思维旋转 Mentale Rotation 60, 107

元成分 Mentakomponenten 55

杰奎琳·梅茨勒 Metzler, Jacqueline 60

六元智力理论，也见多元智力理论 Modell der sechs "Intelligenzen", s.a. Multiple Intelligenzen 57

保尔·莫比乌斯 Möbius, Paul 104

动力 Motivation

  外在动力 - extrinsische 97

  内在动力 - intrinsische 92, 97

多元智力理论 Multiple Intelligenzen 126

多因素论 Multiples Faktorenmodell 43

O

物体持久性 Objektpermanenz 74, 82

俄狄浦斯 Ödipus 06

独创性 Originalität 98

P

人事选拔 Personalauswahl 94

过目不忘的记忆力 Photographisches Gedächtnis 111

相貌学 Physiognomie 07

生理学测量方法 Physiologische Meßverfahren 09

让·皮亚杰 Piaget, Jean 11, 70, 81, 125

德拉·波尔塔 Porta, Giovanni Battista della 08

潜力测量 Potentialmessung 32

基本因素 Primärfähigkeiten 43, 47

基本因素模型 Primärfaktorenmodell 43

选拔原则 Prinzip der Auslese 15

问题解决能力，也见复杂问题 Problemlösefähigkeit/-güte s.a. Komplexe Probleme 88, 113, 117

皮格马利翁效应 Pygmalion-Effekt 91, 102

Q

横向研究 Querschnittsuntersuchungen 21

R

约翰·瑞文 Raven, John C. 43, 103

瑞文–矩阵测验 Raven-Matrizen-Test 23, 43

成熟理论 Reifungstheorie 82

里格尔 Rieger, C. 12

S

彼得·沙洛维 Salovery, Peter 61

西摩·萨拉森 Sarason, Seymour 100

学者症候群 Savant-Syndrom 109

颅相学，颅骨学 Schädellehre　08

洛塔尔·施密特·阿泽尔特 Schmidt-Atzert, Lothar　94

安吉拉·绍尔 Schorr, Angela　27

学习成绩 Schulleistungen　36，88，125

问题敏感性 Sensibilität für Probleme　99

排序 Seriation　77

博格·谢帕德 Shepard, Poger　60

西奥菲勒·西蒙 Simon, Théophile　13

模拟复杂场景 Simulationen, komplexe, s.a. Szenarien　34

雅克金·史密斯 Smith, Jacqui　85

查尔斯·斯皮尔曼 Spearman, Charles　41，124

特殊天赋，也见智障学者，学者症候群 Spezialbegabungen, s.a. Idiot-Savants, Savant-Syndrom　109

爱德华·斯皮茨卡 Spitzka, Edward A.　09

独立于语言之外的测验方法 Sprachfreie Testverfahren　30，102

斯坦福–比奈测验 Stanford-Binet-Test　17

数据 Statistik　13，22，32

测量现状 Statusmessung　32

威廉·斯特恩 Stern, William　04，16，22

罗伯特·斯滕伯格 Sternberg, Robert　52，54，96，103，126

智力结构，也见智力结构模型 Struktur der Intelligenz, s.a. Intelligenzstrukturmodell　49，124

场景，计算机模拟 Szenarien, computersimulierte 35，126

T

刘易斯·麦迪逊·推孟 Terman, Louis M. "Termiten" 17，21，121
测试智力 Testintelligenz 88，96，113，125
测验心理学 Testpsychologie 12
测试理论，传统的 Testtheorie, klassische 33
重复测试 Testwiederholung 84
爱德华·李·桑代克 Thorndike, Edward L. 33
路易斯·列昂·瑟斯顿 Thurstone, Louis Leon 43，125
汤姆·特拉巴索 Trabasso, Tom 81
训练 Training 13
训练项目 Trainingprogramme 94，116
传递性 Transitivität 78，81
伊凡·谢尔盖耶维奇·屠格涅夫 Turgenjew, Iwan Sergejewitsch 09

U

倒水实验 Umschüttversuche 75

V

效度 Validität 33

效度评价 Validitätsbestimmungen 88, 125
遗传理论 Vererbbarkeitsthese 09, 65, 100
利维·维果茨基 Vygotskij, Lev 32

W

大卫·韦克斯勒 Wechsler, David 16, 21
韦克斯勒–贝尔维智力测验 Wechsler-Bellevur-Intelligenztest 21
罗伯特·魏斯贝格 Weisberg, Robert
智慧,也见智力与年龄 Weisheit, s.a. Intelligenz u. Alter 71, 83
维尔德智力测验 Wilde-Intelligenztest 23, 45
智力三维结构模型 Würfelmodell der Intelligenz
威廉·冯特 Wundt, Wilhelm 11, 41

Y

罗伯特·耶基斯 Yerkes, Robert M. 17

Z

注意力集中 Zentrierung der Wahrnehmung 76
双面亚理论 Zwei-Facetten-Subtheorie 54
智力二因素论 Zwei-Faktoren-Theorie
双生子研究 Zwillingsstudien 64